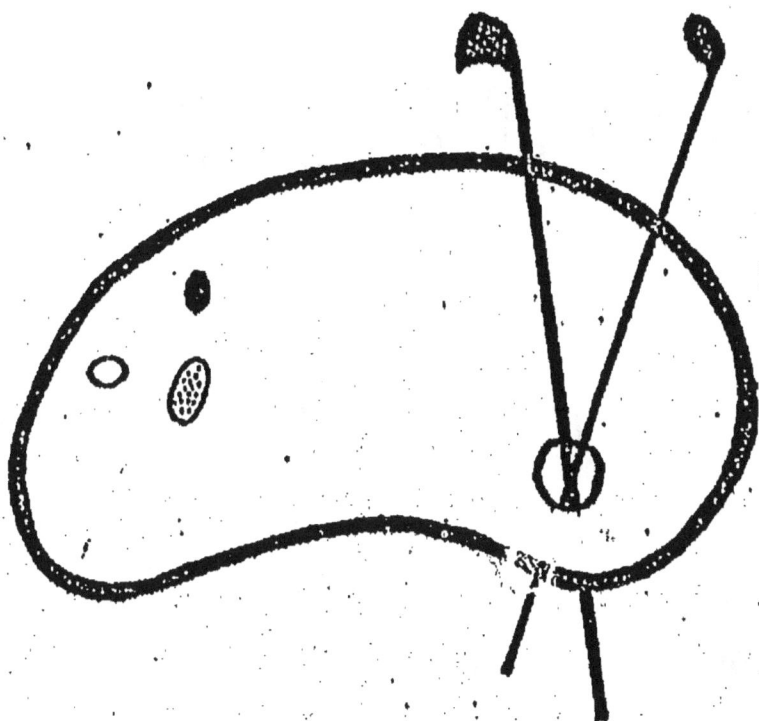

DEBUT D'UNE SERIE DE DOCUMENTS
EN COULEUR

DIX ANNÉES

DANS L'HISTOIRE D'UNE THÉORIE

PAR

J. H. VAN 'T HOFF.

(Deuxième édition de „la chimie dans l'espace.")

ROTTERDAM.
P. M. BAZENDIJK.
1887.

Typ. GEBR. BAZENDIJK, Rotterdam.

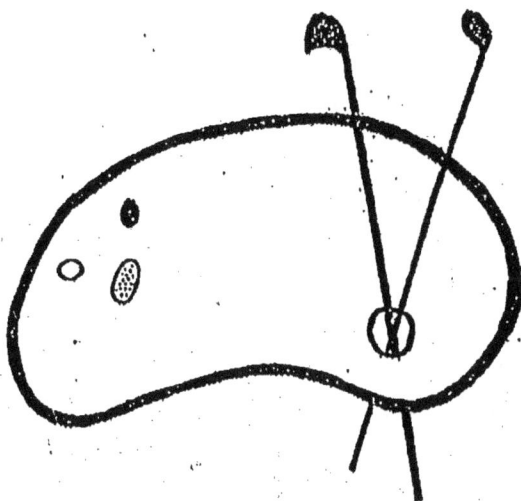

FIN D'UNE SERIE DE DOCUMENTS
EN COULEUR

DIX ANNÉES

DANS L'HISTOIRE D'UNE THÉORIE

PAR

J. H. VAN 'T HOFF.

＿＿＿〜〜〜〜〜＿＿＿

(Deuxième édition de „la chimie dans l'espace").

＿＿＿〜〜〜〜〜＿＿＿

ROTTERDAM.
P. M. BAZENDIJK.
1887.

à

M. J. A. LE BEL.

En témoignage de ma respectueuse affection.

J. H. VAN 'T HOFF.

PRÉFACE.

L'édition de ma brochure „la chimie dans l'espace" étant épuisée, j'ai conçu le projet de publier, comme deuxième édition, le présent travail.

On y retrouvera par conséquent l'exposé primitif des idées dont il s'agissait; seulement, grâce aux travaux de plusieurs chimistes, il y a eu à ajouter un aperçu déjà assez important des vérifications que ces idées ont reçu dans les dix années, écoulées depuis leur naissance.

HISTORIQUE.

(EXPOSÉ PRIMITIF DES IDÉES).

La théorie dite „du carbone asymétrique" a pris naissance simultanément en France et en Hollande et a été énoncée par deux chimistes à leur insu.

Il parait de rigueur de citer textuellement la partie principale des deux mémoires primitifs présentés d'une part et de l'autre.

C'est dans le Bulletin de la Société chimique de Paris de Novembre 1874 p. 337 que M. J. A. LE BEL exposa ses idées dans la forme suivante:

„*Sur les relations qui existent entre les formules atomiques des corps organiques et la pouvoir rotatoire de leurs dissolutions.*

„Pour prévoir si la dissolution d'une substance a ou n'a pas de pouvoir rotatoire, on ne possédait jusqu'à présent aucune règle certaine; on savait seulement que les dérivés d'une substance active sont en général actifs; encore voit-on souvent le pouvoir rotatoire disparaître subitement dans ces dérivés et cela dans les dérivés les plus immédiats, tandis qu'il se conserve dans d'autres dérivés beaucoup plus éloignés. En m'appuyant sur des considérations d'un ordre purement géométrique, je suis arrivé à formuler une règle beaucoup plus générale.

„Avant d'exposer le raisonnement qui permet d'arriver à cette loi, on présentera les données sur lesquelles il s'appuie, et l'on terminera par une discussion des vérifications que fournit l'état actuel de nos connaissances en chimie.

„Les travaux de M. PASTEUR et de plusieurs autres savants ont
„établi d'une façon complète la corrélation qui existe entre la dissy-
„métrie des molécules et le pouvoir rotatoire. Si la dissymétrie n'existe
„que dans la molécule cristalline, le cristal seul sera actif; si au con-
„traire elle appartient à la molécule chimique, elle se manifestera par
„le pouvoir rotatoire de la solution, et souvent même par celui du
„cristal, si la structure de celui-ci permet de l'apercevoir, comme cela
„a lieu pour le sulfate de strychnine et l'alun d'amylamine. Il y a,
„du reste, des démonstrations mathématiques de l'existence nécessaire
„de cette corrélation, que nous considérons comme un fait entièrement
„acquis.

„Dans les raisonnements qui vont suivre nous ferons abstraction
„des dissymétries qui pourraient résulter de l'orientation que possèdent
„dans l'espace les atomes et les radicaux monoatomiques, ce qui revient
„à les égaler à des sphères ou à des points matériels qui seront égaux
„si ces atomes ou ces radicaux sont égaux entre eux, et différents si
„ceux-ci sont différents. Cette restriction est justifiée par ce fait que,
„sans avoir recour à cette orientation, on a pu prévoir toutes les
„isoméries observées jusqu'à ce jour; la discussion qui termine ce
„travail montrera que l'apparition du pouvoir rotatoire peut également
„être prévue en dehors de l'hypothèse dont nous venons de parler.

„*Premier principe général.* Considérons une molécule d'un com-
„posé chimique ayant la formule MA⁴; M est un radical simple ou
„complexe combiné à quatre atomes A susceptibles d'être remplacés par
„substitution; remplaçons trois d'entre eux par des radicaux monoato-
„miques, simples ou complexes, différents entre eux et non identiques
„à M; le corps obtenu sera dissymétrique. En effet l'ensemble des
„radicaux R, R', R'' et A assimilés à des points matériels, différents
„entre eux, forme par lui-même un édifice non superposable à son
„image et le résidu M ne saurait rétablir la symétrie. Donc en général
„si un corps dérive de notre type primitif MA⁴ par la substitution
„à A de trois atomes ou radicaux distincts, sa molécule sera dissymé-
„trique et il aura le pouvoir rotatoire.

„Il y a deux cas d'exception bien distincts:
1°. „Si la molécule type possède un plan de symétrie renfermant
„les quatre atomes A, la substitution de ceux-ci par des radicaux

〃(que nous devons considérer comme non orientés) ne pourra aucuné-
〃ment altérer la symétrie par rapport à ce plan, et alors toute la série
〃des corps substitués sera inactive ;

2°. 〃Le dernier radical substitué à A peut être composé des
〃mêmes atomes que tout le reste du groupement dans lequel il entre,
〃et l'effet de ces deux groupes égaux sur la lumière polarisée peut se
〃compenser ou s'ajouter ; si cette compensation a lieu, le corps sera
〃inactif ; or il se peut que cette disposition se présente dans un dérivé
〃d'un corps actif et dissymétrique d'une constitution très-peu différente,
〃nous verrons dans la suite un cas très-remarquable où ce fait se présente.

〃*Second principe général.* Si dans notre type fondamental nous ne
〃substituons que deux radicaux R et R′, il pourra y avoir symétrie
〃ou dissymétrie suivant la constitution de la molécule type MA⁴. Si
〃cette molécule avait primitivement un plan de symétrie passant par
〃les deux atomes A qui ont été remplacés par R et R′, ce plan restera
〃un plan de symétrie après la substitution ; le corps obtenu sera donc
〃inactif. Les connaissances que nous avons sur la constitution de
〃certains types simples nous permettront donc d'affirmer que certains
〃corps qui en dérivent par deux substitutions sont inactifs.

〃En particulier, s'il arrive que non seulement une seule substitution
〃ne fournisse qu'un seul dérivé, mais encore que deux et même trois
〃substitutions ne fournissent qu'un seul et même isomère chimique, nous
〃sommes obligés d'admettre que les quatre atomes A occupent les
〃sommets d'un tétraèdre régulier dont les plans de symétrie seront
〃identiques à ceux de la molécule totale MA⁴, dans ce cas aucun
〃corps bisubstitué ne possédera le pouvoir rotatoire.

〃*Application aux corps saturés de la série grasse.* Tous les corps
〃gras saturés dérivent du gaz des marais ou formène, C H⁴, par la
〃substitution à l'hydrogène de radicaux divers. Pourvu que les quatre
〃atomes d'hydrogène ne soient pas dans un même plan, ce qui ressort
〃de l'existence même de dérivés trisubstitués actifs, nous pouvons
〃appliquer le premier principe général et affirmer que la substitution
〃de trois radicaux différents fournira des corps actifs. Ainsi, si dans
〃la formule développée d'une substance nous trouvons un carbone
〃combiné à trois radicaux monoatomiques différents entre eux et diffé-
〃rents de l'hydrogène, nous devrons rencontrer un corps actif.

"De plus, comme le formène ne fournit jamais qu'un seul dérivé
"par deux et par trois substitutions, nous pouvons appliquer à ses
"dérivés par deux substitutions le second principe général et affirmer·
"que ceux-ci ne renferment point de corps actif; ainsi si dans une
"formule développée nous voyons un carbone combiné à deux atomes
"d'hydrogène ou à deux radicaux identiques, ce corps ne doit pas
"présenter le pouvoir rotatoire.

"Passons maintenant en revue les corps actifs de la série grasse.

"(Comme tels sont cités les groupes lactique, malique, tartrique,
"amylique et la groupe des sucres.)

"*Corps gras à deux atomicités libres.* On n'a pas signalé de corps
"actifs non saturés, car dans cette classe nous ne faisons pas rentrer
"les corps qui s'obtiennent par la substitution d'un radical actif dans
"un corps inactif non saturé, tels que le valérate d'allyle par exemple.

"Nous n'avons à examiner que le cas où la lacune du corps non
"saturé se produit par la disparition de quelques-uns des radicaux
"dont le groupement dissymétrique produisait le pouvoir rotatoire dans
"le corps saturé correspondant. Comme tous les corps à deux atomi-
"cités libres dérivent de l'éthylène, c'est à ce dernier corps qu'il faut
"appliquer, s'il y a lieu, les principes généraux qui nous ont servi
"précédemment.

"Nous mettrons de côté le cas où les quatre atomes d'hydrogène
"n'auraient pas de liaisons fixes les uns par rapport aux autres car il
"est clair que leur substitution ne fournirait pas de corps dissymétriques.
"Si au contraire ces positions relatives sont fixes nous pourrons appliquer
"à l'éthylène le même raisonnement qu'au formène.

"Si les quatre atomes d'hydrogène sont dans un même plan, ce
"qui est un cas d'équilibre possible, il n'y aura aucun dérivé trisubstitué
"actif; néanmoins nous ne connaissons pas d'exemples de corps bien
"étudiés dérivant de l'ethylène par trois substitutions différentes et nous
"ne pouvons trancher cette question dès à présent.

"Quant au second principe général, il n'est pas applicable à
"l'éthylène car la formule $CH^2 = CH^2$ montre déjà que par deux sub-
"stitutions on obtient des isomères chimiquement différents. Ceci ne
"s'opposerait nullement à ce que ces atomes soient dans un même
"plan, auquel cas les dérivés par deux substitutions seraient inactifs.

"Dans le cas contraire, pour expliquer les isoméries des dérivés éthy-
"léniques, on serait obligé de supposer les atomes d'hydrogène situés
"sur les sommets d'une pyramide quadratique hémièdre, mais super-
"posable à son image $\frac{P}{2}$ et l'on obtiendrait par deux substitutions dif-
"férentes deux isomères, l'un symétrique, l'autre dissymétrique; ces
"isomères seraient tous deux symétriques si les radicaux substitués
"étaient les mêmes; comme il arrive pour les acides maléique et fuma-
"rique. Il résulte de là qu'il suffira de l'étude optique de deux dérivés
"bisubstitués tels que l'amylène d'alcool amylique actif: $CH^2 = C = \dfrac{CH^3}{C^2H^5}$
"et de son isomère CH^3—$CH = CH$—C^2H^3 pour démontrer que les
"quatre atomes d'hydrogène sont ou non dans un même plan.

Série aromatique. Tous les chimistes s'accordent pour admettre
"que les atomes d'hydrogène de la benzine occupent des positions fixes;
"nous ne pouvons donc plus, comme nous avons fait pour les corps
"saturés, considérer comme un seul point matériel une partie de la
"molécule de benzine, au contraire cette hypothèse restrictive nous sera
"encore permise à l'égard des radicaux ou des groupes qui remplacent
"l'hydrogène dans la benzine. Les hypothèses géométriques qui rendent
"compte des isoméries de la série aromatique ont déjà été discutées
"ailleurs: elles consistent à placer les six atomes d'hydrogène soit aux
"six sommets égaux d'un rhomboèdre, soit à ceux d'une pyramide
"droite à base de triangle équilatéral. Une discussion géométrique
"très-facile montre que dans l'un et l'autre cas on obtient, par deux
"substitutions différentes, un isomère dissymétrique et deux autres symé-
"triques; l'existence d'un cymène actif, qui a été signalé confirme ces
"hypothèses, que nous ne discuterons pas davantage.

"Sans supposer aux atomes d'hydrogène de la benzine un groupe-
"ment particulier, on peut appliquer le premier principe général à trois
"atomes d'hydrogène quelconques, pourvu qu'ils n'occupent pas un plan
"de symétrie de la molécule totale.

"Il suit de là que nous rencontrerons des corps actifs quand trois
"atomes d'hydrogène au moins seront remplacés par des radicaux
"différents. Nous trouvons ce cas réalisé dans la plupart des corps
"de la série camphorique.

„Pour l'essence de térébenthine le cas n'est pas le même; nous
„savons qu'elle dérive, ainsi que la série camphorique, du paracymène
„dans lequel les radicaux méthyle et propyle occupent les positions
„1 et 4 de l'hexagone de M. KEKULÉ, c'est à dire un plan de symétrie
„de la benzine; c'est là la raison pour laquelle ce cymène est inactif.
„Or l'essence de térébenthine dérive de ce cymène par la substitution
„de deux groupes H² à deux autres atomes d'hydrogène; s'ils occu-
„pent les positions 2 et 6 ou bien 3 et 5 symétriques par rapport
„au plan de symétrie passant par 1 et 4 on aura des isomères inactifs;
„au contraire on aura des isomères actifs (térébenthène et camphène)
„s'ils occupent des positions non symétriques l'une de l'autre, telles
„que 2 et 5 ou bien 2 et 3; on appliquerait le même raisonnement
„aux autres isomères du térébenthène.

„On voit quel intérêt s'attache à l'étude des composés aromatiques
„actifs et combien il sera utile que les chimistes qui ont entre les
„mains des composés bi-et trisubstitués de la benzine, susceptibles d'être
„actifs, fassent les essais qui permettent de les séparer de leurs isomères
„dextrogyres et lévogyres. Nous allons montrer en effet que les corps
„obtenus par synthèse contiennent ces isomères en proportions égales.

„*Théorème.* Lorsqu'il se forme un corps dissymétrique dans une
„réaction où l'on n'a mis en présence les uns des autres que des
„corps symétriques, il y aura formation dans la même proportion des
„deux isomères de symétrie inverse.

„Il n'en est pas nécessairement de même pour les composés
„dissymétriques formés en présence de corps actifs eux-mêmes ou traver-
„sés par de la lumière polarisée circulairement ou enfin soumis à une
„cause quelconque qui favorise la formation d'un des isomères dissymé-
„triques. Ces conditions sont exceptionnelles; et en général dans les
„corps faits par synthèse, ceux qui sont actifs ont dû échapper aux
„recherches du chimiste, s'il n'a pas essayé de séparer les isomères
„produits ensemble, et dont l'effet sur la lumière polarisée se neutralise.
„Nous possédons un exemple frappant de ce fait dans l'acide tartrique.
„En effet, l'on n'a jamais obtenu par synthèse directement l'acide droit
„ou l'acide gauche, mais toujours l'acide inactif ou l'acide racémique
„qui est une combinaison à parties égales des acides droit et gauche."

C'est dans une brochure hollandaise, publiée au mois de Septembre 1874 que j'exposai mes opinions dans la forme que voici:

„Essai d'un système de formules atomiques à trois dimensions et la „relation entre le pouvoir rotatoire et la constitution chimique qui en „découle. Qu'il me soit permis d'émettre en communication préliminaire quelques opinions, afin de profiter de la discussion qui pourrait „en résulter.

„Les formules atomiques actuelles sont incapables d'interpréter „certains cas d'isomérie; ce défaut de plus en plus évident tient „peut-être à l'absence de notions précises sur la position relative des „atomes.

„Pour rester d'abord auprès des corps organiques, si l'on admet „que les quatre affinités du carbone agissent dans le même plan et „dans des directions perpendiculaires l'une sur l'autre, on est conduit, „pour les dérivés du méthane CH_4, au nombre d'isomères que voici:

„Absence d'isomérie dans les cas CH_3R et $CH(R)_3$; deux isomères „dans les cas $CH_2(R)_2$, CH_2RR_1 et $CHR_2(R)_2$; trois isomères dans „les cas $CHR_1R_2R_3$ et $C(R_1R_2R_3R_4)$; nombre évidemment supérieur „à celui que l'on connaît en réalité.

„En admettant au contraire que les affinités du carbone sont „dirigées vers les sommets d'un tétraèdre régulier, dont cet atome „lui-même occupe le centre, l'on introduit un rapprochement marqué „entre la théorie et l'expérience. En effet le nombre d'isomères revient „dans cette hypothèse à ce qui suit:

„Absence d'isomérie dans les cas CH_3R_1, $CH_2(R_1)_2$, $CH_2R_1R_2$ „et $CHR_2(R)_2$; tandis que seulement le cas $CHR_1R_2R_3$ ou plus „généralement $CR_1R_2R_3R_4$ donne lieu à la prévision d'une isomérie; „en d'autres termes: Si les affinités du carbone sont saturées par quatre „groupes différentes l'on obtient deux tétraèdres qui sont l'image non-„superposable l'un de l'autre, c'est-à-dire que l'on a affaire à deux „formules de structure dans l'espace différentes entre elles.

„Par conséquent dans cette hypothèse les composés $CR_1R_2R_3R_4$ „présentent un cas différent de $C(R_1)_2R_2R_3$, $C(R_1)_3R_2$ ou $C(R_1)_4$, „distinction qui échappe aux formules atomiques dans leur forme „actuelle.

„En confrontant à la réalité cette première conclusion il me parait
„possible de démontrer que les composés, contenant un atome de carbone
„combiné à quatre groupes différentes et que j'appellerai „asymétrique"
„dans la suite, se distinguent en effet d'une manière spéciale, tant par
„leur isomérie que par, d'autres propriétés, distinction qui présente un
„obstacle sérieux dans l'application des formules de constitution usitées
„jusqu'ici.

„*Première partie. I. Relation entre le carbone asymétrique et le
pouvoir rotatoire.*

„*a.* Chaque composé du carbone qui dans sa dissolution dévie
„le plan de polarisation contient un atome de carbone asymétrique.

„Il n' y a qu' à passer en revue les corps actifs à constitution
„déterminée pour justifier cette observation.

„(Comme tels sont cités les groupes lactique, tartrique, camphorique
„et la groupe des sucres.)

„*b.* Les dérivés des corps optiquement actifs perdent le pouvoir
„rotatoire, si l'asymétrie dans les atomes de carbone disparait; ce qui,
„en général, n'a pas lieu dans le cas contraire. (Viennent les exemples
„cités à l'appui.)

„*c.* En énumérant les composés, qui contiennent un atome de
„carbone asymétrique, il est clair que la proposition (a) ne peut pas
„être prise en sens invers, c'est-à-dire qu'un tel composé n'agit pas
„nécessairement sur la lumière polarisée; cela peut s'expliquer par les
„considérations suivantes;

„1. Les composés, dont il s'agit, peuvent être formés par un
„mélange inactif de deux isomères actifs en sens opposé.

„2. Le pouvoir rotatoire de ces composés peut avoir échappé à
„l'observation par sa faiblesse ou par la manque de solubilité.

„3. La condition de la présence du carbone asymétrique pour-
„rait être insuffisante, et non seulement la différence des groupes mais
„aussi leur nature devrait être prise en considération.

„Quoiqu'il en soit les observations citées permettent d'établir une
„relation entre la constitution atomique et le pouvoir rotatoire qui, à
„défaut d'arguments plus décisifs, peut servir dans les cas suivants:

„1. Prévision de la formule atomique de l'alcool amylique actif
„H_3C (H_5C_2) CH CH$_2$ OH.

„2. Prévision de la formule atomique de l'acide citrique inactif „$(CH_2 CO_2H)_2 COHCO_2H$.

„3. Prévision de la formule atomique des composés actifs les plus „simples: alcool saturé monatomique CH_3CHOH C_2H_5; acide saturé „monatomique CH_3CH (CO_2H) C_2H_5; alcool saturé diatomique CH_3 „$CHOH$ CH_2OH; hydrure de carbone saturé CH_3 (C_2H_5) CHC_3H_7; „hydrure de carbone aromatique CH_3 (C_2H_5) CHC_6H_5.

„4. Prévision de séries inactives: les hydrures de carbone saturés „de la série normale H_3C $(CH_2)_4$ CH_3; les alcools primaires qui en „dérivent et les acides correspondants.

„5. Prévision de la possibilté de dédoubler le corps CHBr Cl I „dans deux isomères actifs en sens opposé.

„*II. Relation entre le carbone asymétrique et le nombre d'isomères.*

„Si peut-être la présence du carbone asymétrique serait à elle „seule insuffisante à produire le pouvoir rotatoire, pourtant cette pré- „sence doit-elle conduire, dans l'hypothèse émise, à une isomérie qui „se traduira d'une manière ou d'une autre, isomérie doublant le nombre „prévu par les formules actuelles s'il s'agit d'un seul atome de carbone „asymétrique et l'augmentant d'avantage par la présence de plusieurs „de ces atomes.

„Il semble en effet que l'on peut indiquer des composés, montrant „l'anomalie apparente en question, que M. WISLICENUS appela isomérie „géométrique, en insistant sur l'insuffisance des conceptions actuelles qui „s'y manifeste, sans toutefois présenter d'hypothèse plus satisfaisante.

„(Exemples cités à l'appui: acides dibromo- et isodibromo- „succinique, citra-, ita- et mésabromopyrotartrique, citra-, ita- et „mésamalique etc.)

„*Deuxième partie.* Je me suis borné jusqu' ici à l'application de „l'hypothèse émise aux corps saturés (à l'exception toutefois de quel- „ques dérivés de la benzine); pour compléter il s'agit par conséquent „d'exposer:

„*L'influence de la conception nouvelle dans la série des corps non-* „*saturés, à deux atomicités libres.*

„La représentation de la liaison dite double entre deux atomes „de carbone revient à deux tétraèdres ayant en commun une de leurs „arrêtes, tandis que les quatre groupes R_1 et R_2, R_3 et R_4, combinés

„respectivement aux deux atomes de carbone, occupent les sommets
„libres, situés dans un plan.

„Il en résulte que si les groupes R_1, R_2, R_3 et R_4 sont identiques
„ou s'il y a égalité seulement entre R_1 et R_2 ou R_3 et R_4, il n'y aura
„qu'une seule position relative possible: si au contraire il y a diffé-
„rence en même temps entre R_1 et R_2, comme entre R_3 et R_4,
„n'importe que les groupes R_1 et R_3 ou R_2 et R_4 soient ou non iden-
„tiques, il y a à distinguer deux positions relatives différentes, ce qui
„conduit à prévoir un cas d'isomérie que les formules atomiques ordi-
„naires ne sauraient interprêter.

„En consultant l'expérience il me parait que l'isomérie qui vient
„d'être prévue se présente en effet chez les composés suivants.

„(Comme tels sont cités les acides fumarique et maléique, bromo-
„et isobromomaléique, citra-, ita- et mésaconique, crotonique et iso-
„crotonique, chloro- et isochlorocrotonique).

„*Troisième partie.* Il ne reste qu' à envisager les composés à
„liaison de carbone dite triple, comme l'acétylène p. e., la représenta-
„tion en revient ici à deux tétraèdres qui ont en commun trois de leur
„sommets, tandis que les groupes combinées aux deux atomes de carbone
„occupent les deux sommets restés libres; il est clair que dans ce cas
„l'hypothèse introduite n'entraîne aucune prévision différente de celle
„des formules atomiques en usage.

„En terminant je crois pouvoir observer que:

„1. L'hypothèse nouvelle ne laisse inexpliquée aucun phénomène
„que les conceptions actuelles sont capables d'interpréter.

„2. Quelques propriétés et quelques isoméries, inexplicables par
„la théorie actuelle, sont éclaircies par l'hypothèse introduite.

„3. L'observation relative aux corps qui dans leur dissolution
„dévient la lumière polarisée, en un mot aux molécules actives, se
„rapproche de celle que M. RAMMELSBERG a établi sur les cristaux
„actifs; en effet ce savant, en se basant sur les recherches de M. HERSCHELL
„et de M. PASTEUR, admet que la propriété de dévier la lumière
„polarisée à l'état solide est accompagnée de l'apparition de deux formes
„cristallines à image non superposable. Il est évident que l'on a affaire
„ici à une position relative des molécules dans le cristal actif, tout à
„fait analogue à celle des groupes atomiques dans la molécule active

„d'après ma conception, une position relative qui entraîne l'absence
„d'un plan de symétrie dans les cristaux actifs énumérés par M. RAM-
„MELSBERG et dans les tétraèdres représentant selon moi les molécules
„douées de pouvoir rotatoire.

Depuis parut en Mai 1875 ma brochure „La chimie dans l'espace"
dont la traduction allemande de la main de M. HERRMANN „Die
Lagerung der Atome im Raume" (1877) provoqua deux jugements
extrêmement opposés de la part de deux chimistes d'autorité première.

Le jugement bienveillant de M. WISLICENUS fut inséré par lui-
même en préface à la traduction citée; il était exprimé dans les termes
que voici :

„Die Zeit liegt nicht weit hinter uns, in welcher von Seiten der
„Vertreter vorgeschrittenster theoretisch-chemischer Anschauungen
„wiederholt lauter Protest gegen den Gedanken erhoben wurde, als
„könne die Chemie jemals dazu schreiten wollen, zur Erklärung der
„Eigenschaften einer Verbindung die räumliche Lagerung der Atome
„im Molecül heranzuziehen.

„Veranlasst wurden diese Verwährungen durch mehrseitiges hart-
„näckiges Missverstehen des Ideeninhaltes der sogenannten Structur-
„chemie, ihre Berechtigung trugen sie in dem damaligen Zustande des
„empirischen Erkenntnissmateriales und der das Interesse der Forschung
„vornehmlich in Anspruch nehmenden Fragen.

„Dass die ein Molecül zusammensetzenden Elementaratome sofern
„solche überhaupt anzunehmen sind in irgend welcher Weise räumlich
„geordnet sein müssen, dass die gleichen Elementaratome bei gleicher
„Reihenfolge ihrer gegenseitigen Bindung in complicirteren Molecülen
„räumlich noch immer verschiedenartig gruppirt sein können und
„dass damit möglicherweise Veranlassung zu geringen Abweichungen
„in den Eigenschaften structuridentischer Molecüle gegeben sein kann,
„lag schon damals dem speculativen Denken nahe, ja es gab vereinzelte
„Thatsachen welche bereits in dieser Richtung vorgehender Erklärungs-
„versuche herausforderten. Freilich wurden solche Gedanken entweder
„gar nicht oder nur sehr schüchtern und unbestimmt geäussert.

„Indessen gingen die den heutigen Standpunkt der chemischen

„Wissenschaft vorragend charakterisirenden Untersuchungen isomerer
„organischer Verbindungen ihren naturgemässen Weg weiter und führten
„zu unumstösslichen Thatsachen, für deren Verstandniss die Structur-
„theorie durchaus nicht mehr ausreichte.

„Ich selbst sah mich bei meiner Arbeit über die Paramilchsäure
„genöthigt den Satz auszusprechen, dass die Thatsachen dazu zwingen,
„die Verschiedenheit isomerer Molecüle von gleicher Structurformel
„durch verschiedene Lagerung ihrer Atome im Raume zu erklären und
„damit offen für die Berechtigung der Chemie einzutreten, geometrische
„Anschauungen in die Lehre von der Constitution der Verbindungs-
„molecüle hereinzuziehen.

„Das Verdienst, diesen Schritt in ganz bestimmter und höchst
„glücklicher Weise gethan zu haben, gebührt VAN 'T HOFF. Die Fun-
„damentalidee seiner Theorie liegt in dem Nachweise, dass die Ver-
„bindungen eines Kohlenstoffatomes mit vier verschiedenen einfachen
„oder zusammengesetzten Radicalen je zwei Fälle räumlicher Isomerie
„bieten müssen.

„So frappant dieser Gedanke beim Durchlesen des VAN
„'T HOFF'schen Schriftchens „La chimie dans l'espace" wirkte, so
„fesselnd war für mich seine weitere mathematische Entwickelung und
„die Anwendung auf die immer zahlreicher werdenden Fälle der von
„mir als „geometrische" bezeichneten Isomerien und auf die optisch
„activen organischen Substanzen.

„Mag es auch sein, dass die Ausführungen VAN 'T HOFF's theil-
„weise über das gegenwärtige Bedürfniss hinausgehen, dass sich ein-
„zelne ihrer speciellen Anwendungen später nicht vollständig bestätigen
„mögen, einen wirklichen und wichtigen Schritt vorwärts hat die
„Theorie der Kohlenstoffverbindungen damit gethan und dieser Schritt
„ist ein organischer und innerlich nothwendiger. Er entwickelt die
„bisher best begründeten Anschauungen in logisch consequenter Weise
„und dient ihnen zur Stütze, indem er sie auf thatsächlich beobachtete
„Fälle ausdehnt, welche jenseits ihrer Grenze zu liegen schienen."

Le jugement tout opposé de M. KOLBE (Zeichen der Zeit. II. Journal
für prakt. Chemie. XV p. 478) mérite d'être cité à côté:

„In einem unlängst veröffentlichten Aufsatze mit gleicher Ueber-

„schrift habe ich als eine der Ursachen des heutigen Rückganges der „chemischen Forschung in Deutschland den Mangel an allgemeiner „und zugleich auch an gründlicher chemischer Bildung bezeichnet, „woran eine nicht geringe Zahl unserer chemischen Professoren zum „grossen Nachtheil der Wissenschaft laborirt. Folge davon ist das „Ueberhandnehmen des Unkrauts der gelehrt und geistreich scheinenden, „in Wirklichkeit trivialen, geistlosen Naturphilosophie, welche, vor „50 Jahren durch die exakte Naturforschung beseitigt, gegenwärtig „von Pseudonaturforschern aus der die Verirrungen des menschlichen „Geistes beherbergenden Rumpelkammer wieder hervorgeholt und, „gleich einer Dirne modern herausgeputzt und neu geschminkt, in „die gute Gesellschaft, worin sie nicht gehört, einzuschmuggeln ver- „sucht wird.

„Wem diese Besorgniss übertrieben scheint, der lese, wenn er „es vermag die kürzlich erschienene, von Phantasie-Spielereien strot- „zende Schrift der Herren VAN 'T HOFF und HERRMANN über „die „Lagerung der Atome im Raume". Ich würde dieselbe wie manche „andere ignoriren, wenn nicht ein namhafter Chemiker sie in seine „Protektion genommen und als verdienstliche Leistung warm emp- „fohlen hätte.

„Ein Dr. J. H. VAN 'T HOFF, an der Thierarzneischule zu Utrecht „angestellt, findet, wie es scheint, an exakter chemischer Forschung „keinen Geschmack. Er hat es bequemer erachtet, den Pegasus zu be- „steigen (offenbar der Thierarzneischule entlehnt) und in seiner „la „chimie dans l'espace" zu verkünden, wie ihm auf dem durch kühnen „Flug erklommenen chemischen Parnass die Atome im Weltenraume „gelagert erschienen sind.

„Die prosaische chemische Welt fand an diesen Hallucinationen „wenig Geschmack, deshalb unternahm es DR. F. HERRMANN, Assistent „am landwirthschaftlichen Institute zu Heidelberg, durch eine deutsche „Bearbeitung denselben weitere Verbreitung zu geben. Dieselbe führt „den titel: Die Lagerung der Atome im Raume.

„Diese Schrift auch nur halbwegs eingehend zu kritisiren, ist „nicht möglich, weil die Phantasie-Spielereien darin ganz und gar des „thatsächlichen Bodens entbehren, und dem nüchternen Forscher rein „unverständlich sind. Um aber von dem, was den Verfassern vorge-

„schwebt haben mag, eine Idee zu bekommen, genügt es, folgende zwei „Sätze zu lesen. Die Schrift beginnt mit den Worten:

Die moderne chemische Theorie hat zwei schwache Punkte. Sie spricht sich weder über die relative Stellung, welche die Atome im Molecüle einnehmen, noch über deren Bewegungsart aus.

„Der andere Satz, welcher oben auf S. 35 der Schrift steht, lautet:

In dem asymetrischen Kohlenstoffatom haben wir ein Medium, welches sich durch die schraubenförmige Anordnung (sic) seiner kleinsten Theile, der Atome, auszeichnet!?

„Um den Vorhalt zu begegnen, dass es nicht erlaubt sei, aus „dem Zusammenhange gerissene Sätze wiederzugeben, verweise ich auf „die Schrift selbst. Man wird sich überzeugen dass jene Sätze im „Zusammenhange mit den anderen, eben so barock und unverständlich „sind, wie für sich allein.

„Es ist bezeichnend für die heutige kritikarme und Kritik hassende „Zeit, dass zwei so gut wie unbekannte Chemiker, der eine von einer „Thierarzneischule, der andere von einem landwirthschaftlichen Institute, „die höchsten Probleme der Chemie, welche wohl niemals gelöst wer- „den, speciell die Frage nach der räumlichen Lagerung der Atome, „mit einer Sicherheit beurtheilen und deren Beantwortung mit einer „Dreistigkeit unternehmen, welche den wirklichen Naturforscher geradezu „in Staunen setzt.

„Ich würde, wie gesagt, von jener Arbeit keine Notiz genommen „haben, wenn nicht unbegreiflicher Weise WISLICENUS dieselbe mit „einem vorgedruckten Vorwort versehen, und, nicht etwa scherzweise, „sondern in vollem Ernst, als verdienstliche Leistung warm empfohlen „hätte, wodurch sich mancher junge unerfahrene Chemiker verleiten „lassen dürfte, diesen seichten Speculationen ohne Fundamente einigen „Werth beizumessen.

„WISLICENUS spricht sich in diesem Vorworte aus wie folgt:

. . . Ich selbst sah mich genöthigt, den Satz auszusprechen, dass die Thatsachen dazu zwingen, die Verschiedenheit isomerer Molekülo von gleicher Strukturformel durch verschiedene Lage- rung ihrer Atome im Raume zu erklären.

„Es gehört zu den Zeichen der Zeit, dass die modernen Chemiker „sich berufen und im Stande erachten, für Alles eine Erklärung zu

„geben, und wenn dazu die gewonnenen Erfahrungen nicht ausreichen, „zu übernatürlichen Erklärungen greifen. Solche vom Hexenglauben „und Geisterklopfen nicht weit entfernte Behandlung wissenschaftlicher „Fragen hält auch Wislicenus für statthaft. Derselbe führt dann „weiter fort:

Das Verdienst, diesen Schritt in ganz bestimmter und höchst glücklicher Weise gethan zu haben, gebührt van 't Hoff u. s. w.

„Wislicenus erklärt hiermit, dass er aus der Reihe der exakten „Naturforscher ausgeschieden und in das Lager der Naturphilosophen „ominösen Andenkens übergetreten ist, welche ein nur dünnes „Medium" „noch von den Spiritisten trennt."

C'était le début. Il n'y a que dix années écoulées depuis. M. Kolbe est mort déjà et, comme par un jeu fatal du sort, c'est M. Wislicenus qui lui a remplacé à l'Université de Leipsig.

Sans entrer dans les détails sur ce qui a été dit depuis de part et d'autre il s'agit de résumer en quelques traits ce que la destinée avait réservé à la théorie décrite, pour autant qu'on peut en juger aujourd'hui.

En se bornant aux faits d'abord, il est à remarquer que jusqu'ici aucune observation n'est venue contester la justesse des idées émises sans avoir été révendiquée par l'expérience, et que d'autre part bon nombre de prévisions que ces idées ont permises ont été justifiées comme on verra par la suite. Ajoutons que les recherches de M. le Bel, ayant largement contribué sous ce rapport, ont été couronnées en 1881 par l'Académie française du Prix Jecker.

Que ces justifications ont fini par gagner la plupart des esprits cela se traduit entre autres dans deux jugements portés dans ces derniers temps de la part de M. Baeyer ou de M. Landolt et que je désire citer textuellement ici:

M. Baeyer (Berichte der deutschen chem. Ges. 1885, 2277) en énumérant les propriétés chimiques du carbone, cite sous ce rapport en troisième et en quatrième lieu ce qui va suivre:

„III. Die vier Valenzen sind im Raume gleichmässig vertheilt, und entsprechen den Ecken eines in eine Kugel eingeschriebenen regelmässigen Tetraëders.

IV. Die mit den vier Valenzen verbundenen Atome oder Gruppen können nicht ohne weiteres ihre Plätze unter einander austauschen. Beweis: es giebt zwei Tetrasubstitutionsprodukte abcd des Methans; LE BEL-VAN 'T HOFF'sches Gesetz."

Il ajoute „*Diesen fast allgemein angenommenen Sätzen* möchte ich nun folgenden anreihen."

M. LANDOLT (l. c. 1886, 157) cite à l'occasion d'une observation révendiquée de pouvoir rotatoire chez le picoline:

„HESEKIEL hebt hervor, dass hiermit eine Ausnahme von der VAN 'T HOFF'schen Hypothese vorzuliegen scheine, indem das Picolin keinen asymetrischen Kohlenstoff enthält. In der That wäre diese Beobachtung von grossem Interesse, *da bis jetzt kein einziger Fall bekannt ist, welcher jener Hypothese widerspricht;*"

Une preuve d'approbation qui me parait plus concluante encore se trouve dans le fait que la théorie dont il s'agit vient d'entrer dans l'enseignement élémentaire et se trouve exposée dans les manuels les plus usités, comme ceux de M. VON RICHTER, de M. ROSCOE et SCHORLEMMER, de M. VON MILLER, de M. PINNER, de M. GORUP-BESANEZ etc. Il y a enfin à signaler une tendance à avancer dans la même direction qui se manifeste dans ces derniers temps; je cite sous ce rapport le travail de M. BAEYER qui vient d'être indiqué (Berichte der deutschen chem. Gesellschaft 1886, 157) et une brochure de M. WUNDERLICH (Configuration organischer Moleküle, Würzburg 1886) qui vient de paraître.

PREMIÈRE PARTIE.

LE CARBONE ASYMÉTRIQUE.

I. ÉNONCÉ DE L'IDÉE FONDAMENTÀLE.

Insuffisance de la conception atomique. La théorie, qu'il s'agit de développer, prétend à résoudre, jusqu'à un certain degré et pour les composés du carbone seulement, le problème de la position relative des atomes dans la molécule.

Elle se présente ainsi comme un développement tout naturel aussitôt qu'on acceptant la conception moléculaire et atomique on a reconnu la possibilité d'une révélation de la nature intime de la matière par les recherches humaines. C'est un pas de plus par conséquent dans le domaine des hypothèses mais dans une direction où plusieurs tentatives ont déjà été couronnées d'un tel succès que les conceptions acquises ainsi occupent aujourd'hui une position dominante dans toutes les parties de la chimie. Il en est ainsi de la conception moléculaire avec ce qui s'y rattache, la pesée des poids relatifs des molécules de différents corps d'après AVOGADRO; il en est ainsi encore de la conception atomique de DALTON et de la détermination du nombre et de la nature des atomes que contient chaque molécule; il en est ainsi enfin des notions sur la manière dont ces atomes sont liés les uns aux autres dans la molécule qu'ils composent, sur la structure

moléculaire en un mot; et de là au problème de la position relative
de ces atomes il n'y a qu'un pas 1).

Il est clair que tout cet ordre de raisonnements qui répugne par
sa nature inévitablement hypothétique a eu à soutenir une opposition de
longue durée; toutefois l'on peut dire qu' aujourd'hui cette opposition
a disparu en Allemagne avec la mort de M. KOLBE et que seulement
en France elle se maintient encore dans la personne de M. BERTHELOT.

L'origine des conceptions à développer a été celle de toutes les
hypothèses, l'impossibilité d'expliquer certains phénomènes à l'aide des
théories existantes. Il s'agissait de quelques cas d'isomérie que les
conceptions courantes de la structure moléculaire ne pouvaient interpréter;
bien que quelques-uns d'entre eux, comme celui des acides tartriques,
dataient de longtemps déjà, l'importance théorique du phénomène
restait cachée sous des termes comme celui de „isomérie physique." 2) Or c'était M. WISLICENUS qui s'y prit d'une manière
différente en découvrant un cas analogue chez les acides lactiques; ce
chimiste reconnut carrément l'insuffisance des conceptions existantes
dans des termes que je tiens à citer 3), parce qu'ils m'ont mis à
réfléchir sur le problème en question:

„Die Thatsachen zwingen dazu die Verschiedenheit isomerer Molecule
von gleicher Structurformel durch verschiedene Lagerung ihrer Atome
im Raume zu erklären." 4)

Le droit d'existence, ou plutôt la nécessité de la création de

---

1) C'est ainsi que des tentatives, faites dans la direction indiquée, datent
depuis longtemps déjà; citons comme exemple *l'Architecture du monde* de GAUDIN
qui a paru en 1873. Seulement il s'agissait de rendre accessibles à l'expérience les
notions ainsi introduites.

2) J'ai pu énumérer, il y a dix années, 43 cas de cet ordre. Maandblad
voor Natuurwetenschappen, VI. No. 3.

3) WISLICENUS, Ann. Chem. und Pharm. 166, 3; 167, 302, 346.

4) „Les données expérimentales obligent à admettre une différence de distribution
dans l'espace des atomes constituant des molécules isomères à formule identique."

25

conceptions de l'ordre de celles qui vont être devoloppées avait ainsi été reconnu par un chimiste d'autorité première.

Introduction de la conception nouvelle. On connaissait donc des corps évidemment différents qui pourtant étaient formés de molécules identiques d'après les conceptions existantes: les mêmes atomes en nombre égal, liés les uns aux autres de la même manière dans les deux cas. La différence devait tenir par conséquent, soit à la position relative des atomes, soit à une différence dans leur mouvement 1). La première de ces deux directions ayant été suivie d'abord, on a cherché l'origine de l'isomérie observée dans une différence de la position relative des atomes. Or, il y a de suite une objection à écarter qui se présente en abordant cette route, savoir qu' une notion précise sur la position relative des atomes doit aussi tenir compte de leur mouvement, dont l'existence du reste est aussi probable que celle des atomes eux-mêmes. Seulement tout porte à admettre une periodicité dans ce mouvement atomique et dès lors, dans une investigation préalable, on peut envisager la position relative de ces atomes dans une des phases de leur mouvement en faisant abstraction de ce mouvement lui-même d'abord.

Le carbone asymétrique. Pour parvenir à la conception fondamentale il ne s'agit maintenant que de juger des possibilités différentes dans la position relative des quatre groupes que le carbone peut retenir grâce à sa tetratomicité.

Une première supposition dans laquelle on s'est représenté la position relative de ces groupes (R_1) dans un plan comme indique la Figure 1 conduit inévitablement à des conséquences que l'expérience ne justifie pas. Dans ce cas chaque composé, comme p. e. C (R_1)$_2$ (R_2)$_2$ contenant le carbone uni à des groupes dont trois ne sont pas

---

1) Voire la fin de ce chapitre pour les conceptions de M. Berthelot, qui a voulu rattacher le pouvoir rotatoir au mouvement relatif des atomes.

égaux les uns aux autres, pourrait se présenter dans deux formes différentes comme l'indiquent les Figures 2 et 3; par conséquent un composé tel que le chlorure de méthylène CH_2 Cl_2 devrait offrir une isomérie, et cette isomérie se retrouverait dans les cas où la différence des groupes R aurait augmenté.

Pour échapper à cette prévision d'un nombre d'isomères trop élevé il n'y a qu'une seule supposition possible, savoir celle des quatre groupes unis au carbone occupant les sommets d'un tétraèdre régulier, au centre duquel se trouve cet atome de carbone lui-même.

La seule isomérie à attendre alors se présente dans le cas que les quatre groupes liés au carbone sont différents ($CR_1R_2R_3R_4$). C'est alors seulement que l'on prévoit la possibilité de deux positions relatives différentes comme les deux Figures 4 et 5 non-superposables l'indiquent.

La supposition exprimée ainsi exige par conséquent une isomérie chez les corps contenant un tel atome de carbone, isomérie que la formule de structure ordinaire est incapable de prévoir.

Or il y avait de suite cette coïncidence que l'acide tartrique (CO_2H $CHOH$ $CHOH$ CO_2H) et l'acide lactique (CH_3 $CHOH$ CO_2H) présentant l'isomérie inexplicable contiennent aussi l'atome de carbone uni aux quatre groupes différents. Il a été appelé „carbone asymétrique" parce que toute symétrie fait défaut dans le groupement qu'il relie (Fig. 4 et 5), tandis qu'un plan de symétrie s'y présente aussitôt que deux seulement des quatre groupes sont égaux entre eux.

Ce carbone asymétrique sera écrit en caractères cursifs dorénavant dans les formules comme il à été fait déjà dans celles des acides tartrique et lactique qui viennent d'être cités.

La conception fondamentale de la théorie consiste donc à prévoir une isomérie dans le cas des composés contenant un atome de carbone asymétrique.

––––––––––––

Représentation graphique. Pour bien saisir la différence des deux groupements dont il s'agit on peut faire usage de deux tétraèdres en carton, coupés et collés d'après les Fig. 6 et 7; les quatre groupes différents supposés aux sommets des tétraèdres sont indiqués par des couleurs (noire=n; rouge=r; bleue=b et blanche).

Ces modèles apprennent en même temps que l'absence de symétrie et la différence y disparait avec celle des couleurs, et que p. e. le sommet noir devenu blanc produit la symétrie et l'identité dans les deux tétraèdres.

Forme modifiée de la conception introduite. L'idée fondamentale peut recevoir une forme un peu différente qui ne change rien aux conclusions qu'elle renferme, mais qui la met à l'abri d'une objection de nature mécanique qui pourrait se lever.

Dans ce qui précède les groupes unis au carbone sont supposés aux sommets d'un tétraèdre regulier dont l'atome de carbone lui-même occupe le centre. Cela implique une équidistance des quatre groupes, peu probable dans le cas que ces groupes soient différents, parce que cette différence entraîne celle des forces qui les relient entre eux et au carbone. Or l'on peut tenir compte de cette objection, même sans faire aucune supposition sur la nature des forces qui relient les atomes, et en admettant seulement que ces forces sont égales ou différentes selon l'égalité ou la différence du système qu' elles relient.

Cela étant, le tétraèdre régulier satisfait encore dans le cas d'identité des quatre groupes unis au carbone, dans le cas $C(R_1)_4$ par conséquent.

Y-a't il un des groupes R_2 différent des trois autres R_1 égaux entre eux, s'agit-il par conséquent du cas $CR_2(R_1)_3$, le groupe R_2 sera plus éloigné ou plus rapproché du centre que les autres, de sorte que les trois arêtes R_1R_2 égales entre elles auront une longueur différente de celle des trois arêtes R_1R_1 égales entre elles aussi.

S'il s'agit du cas $C(R_1)_2 (R_2)_2$, où les groupes sont égaux par paires, il y a à distinguer dans les arêtes trois couples de longueurs différentes, indiquées par R_1R_1, par R_1R_2 et par R_2R_2.

C'est ainsi que dans le cas $C(R_1)_2 R_2R_3$ il y a seulement égalité dans les deux couples d' arêtes R_1R_2 et R_1R_3.

Les deux groupements possibles dans le cas du carbone asymétrique enfin, dans le cas $CR_1R_2R_3R_4$ par conséquent, sont représentés maintenant par deux tétraèdres différents; toute égalité dans les arêtes fait défaut maintenant, et la symétrie, existant encore dans le cas $C(R_1)_2R_2R_3$, a disparu.

Observons enfin que les deux formes représentant les groupements différents du carbone asymétrique, n'importe laquelle des deux représentations que l'on choisit, sont des images non-superposables l'une de l'autre (Fig. 4 et 5), des formes appelées énantiomorphes en cristallographie.

II. VÉRIFICATION DE L'IDÉE FONDAMENTALE.

A. Caractère général de l'isomérie produite par le carbone asymétrique.

La théorie du carbone asymétrique conduit donc à prévoir une isomérie chez les corps contenant un atome de carbone lié à quatre groupes différents. Or cette isomérie on la trouve en effet chez les acides tartrique et lactique comme on vient de rappeler et dans bon nombre d'autres cas qui seront énumérés dans la suite. Toutefois avant d'entrer dans les détails il convient d'observer que l'isomérie en question, provenant d'après notre théorie d'une origine spéciale, de la position relative des atomes, offre aussi un caractère bien distinct en la comparant aux isoméries provenant d'une origine différente, de la structure moléculaire par conséquent.

Cette première isomérie se traduit constamment d'une manière analogue et spéciale dans deux propriétés, dans le pouvoir rotatoire et dans la forme cristalline des corps en question.

Pouvoir rotatoire. Quant au pouvoir rotatoire, les deux isomères, existant en vertu du carbone asymétrique, dévient la lumière polarisée dans l'état liquide ou dissous, propriété que les corps ne contenant pas de carbone asymétrique, n'offrent jamais dans ces circonstances; cette déviation trahit en même temps l'existence de l'isomérie, car elle se produit en sens opposé quoiqu' avec une intensité égale chez les deux corps. Observons qu'une telle différence de pouvoir rotatoire dans des corps d'une même composition est accompagnée, dans d'autres cas aussi, de cette énantiomorphie de forme ou de structure que nous supposons ici; il en est ainsi des cristaux à pouvoir rotatoire comme le quarts où le signe opposé dans l'action sur la lumière accompagne l'énantiomorphie dans la forme; il en est ainsi des corps transparents tordus en spirale droite ou gauche qui obtiennent par là le pouvoir rotatoire de signe différent dans les deux cas; il en est ainsi enfin des piles actives de M. Reusch, obtenues en croisant à 60° des lames très-minces de mica biaxes 1).

Forme cristalline. Quant à la forme cristalline, les deux isomères existant en vertu du carbone asymétrique, offrent des formes hémiédriques énantiomorphes, comme l'indiquent les Figures 8 et 9, représentant la forme cristalline du bimalate d'ammoniaque droit et gauche; la forme extérieure des deux modifications offre donc une différence absolument analogue à celle que nous y supposons comme origine dans le groupement atomique: des deux côtés il y a image non-superposable.

Ajoutons que déjà M. Pasteur a émis l'opinion que le pouvoir rotatoire et la forme cristalline spéciale des corps en question doit résulter d'un groupement asymétrique dans la molécule; il se prononce à cet égard dans les termes suivants 2):

„Les atomes de l'acide (tartrique) droit sont-ils groupés suivant les spires d'un hélice dextrorsum, ou *placés aux sommets d'un tétraèdre irrégulier*, ou disposés suivant tel ou tel assemblage dissymétrique déterminé? Nous ne saurions répondre à ces questions. Mais ce qui ne peut être l'objet d'un doute, c'est qu'il y a groupement des atomes

1) Wynouroff, Ann. de Chim. et de Phys, (6) VIII, 340.
2) Leçons de chimie, 1860, 25.

suivant un ordre dissymétrique à image non-superposable. Ce qui n'est pas moins certain, c'est que les atomes de l'acide gauche réalisent précisément le groupement dissymétrique inverse de celui-ci."

Enfin, c'est par voie mathématique encore que l'on peut déduire de l'asymétrie dans les particules constituantes la nécessité du pouvoir rotatoire comme celle du défaut de symétrie dans l'édifice cristallin qui caractérise les formes énanthiomorphes 1).

B. Preuves de la coïncidence d'une isomérie spéciale avec la présence du carbone asymétrique.

Depuis les recherches de M. PASTEUR sur les corps actifs on s'accorde à admettre que l'existence d'un composé déviant à l'état liquide ou dissous la lumière polarisée entraîne nécessairement celle d'un isomère qui en diffère par le signe de son pouvoir rotatoire et par sa forme cristalline énantiomorphe.

Tandis que M. PASTEUR à fait connaître cette coëxistence chez les acides tartriques et leurs dérivés, il y a tout une série d'observations analogues qui est venue s'y adjoindre : c'est la même chose qui a été signalée chez l'acide camphorique, le camphre, le bornéol, l'essence de térébenthine, le campholuréthane, l'alcool amylique, l'acide malique, l'asparagine et ses dérivés, l'acide formobenzoïque, la tyrosine, l'acide glutamique etc. Pour les particularités nous renvoyons aux travaux de M. CHAUTARD sur les deux acides camphoriques 2), à ceux de M. HALLER sur les dérivés des deux camphres 3) et à ceux de M. PIUTTI sur les dérivés des deux asparagines 4).

Depuis lors l'existence de chaque composé, ayant le pouvoir rotatoire à l'état liquide ou dissous, implique un cas de cette isomérie

---

1) E. SARRAU, Journal de Mathématiques pures et appliquées (2) XII, 1867.

2) Jahresberichte 1863, 556; voire aussi JUNGFLEISCH, Bull. de la soc. chim. XIX, 290, 530.

3) Bull. de la soc. chim. XLI, 327; Compt. rend. CIV, 66.

4) Compt. rendus. CIII, 184.

spéciale quo nous avons en vue, même si l'isomère n'aurait pas encore
été produit; par conséquent il s'agit de prouver que la présence du
carbone asymétrique entraîne l'activité optique dans les circonstances
décrites.

Dans cette démonstration l'on choisira successivement les deux
points de vue possibles, en examinant successivement: 1°. *La structure
atomique des corps à pouvoir rotatoire* et 2°. *Les propriétés des corps
contenant le carbone asymétrique.*

---

1. *Structure atomique des corps à pouvoir rotatoire dans l'état
liquide ou dissous.*

Présence du carbone asymétrique dans tout corps actif. Ce qui
précède conduit à une condition nécessaire dans la structure atomique
des corps à pouvoir rotatoire: la présence du carbone asymétrique.

Anciennes preuves. Pour bien faire ressortir les vérifications que
la théorie a reçues sous ce rapport dans les dix années écoulées depuis
sa naissance, nous commençons par insérer la liste primitive des corps
à pouvoir rotatoire, dont la structure atomique était connue alors:

L'acide éthylidénolactique: CH_3 $CH(OH)$ CO_2 H.

L'acide aspartique: CO_2H $CH(NH_2)$ CH_2 CO_2H.

L'asparagine: CO_2H $CH(NH_2)$ CH_2 CO NH_2.

L'acide malique: CO_2H $CH(OH)$ CH_2 CO_2H.

La malamide: $CONH_2$ $CH(OH)$ CH_2 $CONH_2$.

L'alcool amylique actif: C_2H_5 (CH_3) CH CH_2 OH.

L'acide valérique actif: C_2H_5 (CH_3) CH CO_2H.

L'amylamine, le chloramyle, etc.

L'ethylamyle: C_2H_5 (CH_3) CH C_3H_7.

L'acide caproïque actif: C_2H_5 (CH_3) CH CH_2 CO_2H.

Les glucoces: CH_2 OH $(CH$ $OH)_4$ COH.

La mannite et la dulcite: CH_2OH $(CH$ $OH)_4$ CH_2OH.

L'acide saccharique: CO_2H $(CH$ $OH)_4$ CO_2H.

Les hydrates de carbone, le sucre de cannes, le sucre de lait, la fécule, la dextrine, l'arabine etc. contiennent, comme éthers composés des combinaisons précédentes, les atomes de carbone asymétriques existant dans celles-ci.

Le même raisonnement s'applique aux *glucosides.*

Le camphre d'après M. Kékulé, *le bornéol, l'essence de thérébentine.*

L'acide camphorique; CO_2H CH (C_3H_3) $(C_5H_7O_2)$ et quelques autres dérivés du camphre, où l'asymétrie du carbone s'est maintenue.

Nouvelles preuves. Cette liste a été enrichie depuis de la manière la plus satisfaisante:

Il y a d'abord à y ajouter les composés dont l'activeté optique était déjà connue, mais dont la constitution atomique alors douteuse a été révélée depuis; dans cette catégorie l'on peut citer:

L'acide oxyglutarique: CO_2H C_2H_4 $CHOH$ CO_2H.

L'acide glutamique: CO_2H C_2H_4 $CHNH_2$ CO_2H.

L'acide quinique: C_6H_7 $(OH)_4$ CO_2H.

Ajoutons la *coniine,* la première et jusqu'ici les seule des alcaloïdes, dont la constitution ait été déterminée par analyse comme par synthèse, grâce aux recherches de M.M. Hofmann 1) et Ladenburg 2); en effet l'activeté optique du corps en question se traduit dans cette constitution par la présence du carbone asymétrique:

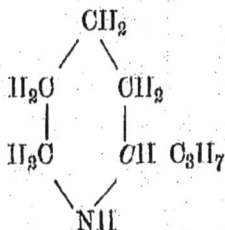

$$
\begin{array}{ccc}
 & CH_2 & \\
\diagup & & \diagdown \\
H_2C & & CH_2 \\
| & & | \\
H_2C & & CH\ C_3H_7 \\
\diagdown & & \diagup \\
 & NH & \\
\end{array}
$$

---

1) Berl. Ber. XVIII, 5.

2) Berl. Ber. XIX, 2573.

Il y a ensuite à citer les composés dont la constitution faisait prévoir l'activeté optique et chez lesquels cette propriété pourtant n'avait pas été observée:

C'est ainsi que M. le Bel réussit à obtenir:

L'alcool amylique secondaire actif 1): C_3H_7 CH OH CH_3, obtenu en partant du corps (mélange) inactif de la même constitution;

L'iodure amylique secondaire actif 1): C_3H_7 CHJ CH_3, préparé à l'aide du composé précédent;

Le glycol propylénique actif 2): CH_3 CH OH CH_2 OH, obtenu en partant du corps (mélange) inactif de la même constitution;

L'oxyde propylénique actif 2): CH_3 CH (O) CH_2, préparé à l'aide du composé précédent. Observons que ce corps présente, avec la lactide active (probablement CH_3 CH (O) CO) de M. Wislicenus, jusqu'ici le cas le plus simple d'activeté optique.

C'est ainsi que M. Lewkowitsch 3) réussit à obtenir:

L'acide glycérique actif: CH_2 OH CH OH CO_2H, obtenu en partant du corps (mélange) inactif de la même constitution.

Le même chimiste 4) découvrit l'activeté de:

L'acide formobenzoïque C_6H_5 CH OH CO_2H, obtenu en traitant l'amygdaline par l'acide chlorhydrique.

C'est ainsi que M. Mauthner reprit l'étude des corps suivants, en vertu de la présence du carbone asymétrique dans leur constitution atomique; il y découvrit en effet l'activeté optique:

La cystine 5): CH_3 CSH NH_2 CO_2H,

La tyrosine 5): C_6H_4 OH CH_2 CH NH_2 CO_2H,

La leucine 6): C_4H_9 CH NH_2 CO_2H.

---

1) Bull. de la Soc. chim. (2) XXXIII, 100.

2) Bull. de la Soc. chim. (2) XXXIV, 120.

3) Berl. Ber. XVI, 2720.

4) Berl. Ber. XVI, 1565.

5) Sitz. ber. der Akad. d. Wissensch. Wien (2) LXXXV, 882.

6) Zeitschr. f. physiol. Chemie, VII, 222.

L'activeté optique de ces trois corps, produits de l'organisme, était en effet éminemment probable dans la théorie exposée; d'autant plus que déjà M.M. ERLENMEYER et HELL 1), tout en énonçant l'inactiveté de la leucine, avaient pu observer le pouvoir rotatoire chez l'acide valérique qui en dérive. Les corps cités passaient pour inactifs jusqu' aux recherches de M. MAUTHNER, à cause de la faiblesse des solutions dont on s'était servi. Ajoutons que, peu après la publication citée, M. KÜLZ 2) observa lui aussi l'activeté de la cystine, tandis que M.M. SCHULZE, BARBIERI et BOSSHARD 3) confirmèrent de leur côté celle de la tyrosine et de la leucine.

C'est ainsi enfin que M. KÜLZ 4) observa l'activeté optique de:

L'acide oxybutyrique: $CH_3 \; CH \; OH \; CH_2 \; CO_2H$ découvert dans l'urine des diabétiques par M. MINKOWSKI 5) qui constata en effet 6) l'observation de M. KÜLZ.

Terminons cette liste en citant les corps nouvellement découverts qui par la présence du carbone asymétrique dans leur constitution atomique et par leur pouvoir rotatoire prouvent une fois de plus la coïncidence signalée.

Il s'agit d'abord de:

La phénylcystine: $CH_3 \; CS \; (C_6H_5) \; NH_2 \; CO_2H$,

La phénylcystine bromée: $CH_3 \; CS \; (C_6H_4Br) \; NH_2 \; CO_2H$.

Ces composés, obtenus par M.M. PREUSSE et BAUMANN comme produits de décomposition d'un acide, contenu dans l'urine après introduction de la benzine bromée dans l'organisme, n'avaient pas été étudiés au point de vue optique, lorsque M. KÜLZ 7) y insista après

---

1) Ann. der Chem. und Pharm. CLX, 285.
2) Berl. Ber. XV, 1401.
3) Zeitschr. f. physiol. Chemie, IX, 103.
4) Berl. Ber. XVII, Ref. 584.
5) Berl. Ber. XVII, Ref. 834.
6) Berl. Ber. XVII, Ref. 535.
7) Berl. Ber. XV, 1401.

sa découverte du pouvoir rotatoire chez la cystine; c'est alors que cette propriété y fut reconnue en effet par les physiologistes cités 1).

Il y a ensuite les recherches de M. LADENBURG 2) qui ont fait connaître :

La α-pipécoline active,

La α-éthylepipéridine active.

Ces composés ont été obtenus en partant des corps (mélanges) inactifs; leur constitution correspond à celle de la coniine, qui vient d'être indiquée, en remplaçant toutefois le groupe propyle par les groupes méthyle et éthyle respectivement.

Ajoutons enfin :

L'arabinose : CH_2OH $(CHOH)_3$ COH,

L'acide tétroxyvalérique qui en dérive par oxydation 3),

La saccharine, lactone de l'acide CH_2OH $(CHOH)_2$ COH (CO_2H) CH_3 4),

L'alcool hexylique de la Camomille romaine 5) : C_2H_5 (CH_3) $CHCH_2$ CH_2OH donnant par son oxydation l'acide hexylique droit qui correspond avec l'acide gauche obtenu à l'aide de l'iodure d'amyle 6).

Réfutation des observations contradictoires. Or de temps en temps des observations défavorables à la théorie exposée ont été signalées, mais constamment leur inexactitude a pu être démontrée par l'expérience. Il s'agit des composés suivants :

L'alcool propylique CH_3 CH_2 CH_2OH, signalé actif par M. CHANCELL 7);

---

1) Berl. Ber. XV, 1731.

2) Berl. Ber. XIX, 2584, 2975.

3) Berl. Ber. XIX, 3031, XX, 830.

4) Berl. Ber. XVIII, 1333, 2008.

5) VAN ROMBURGH, Rec. des Trav. chim. des Pays-Bas, VI, 150.

6) WURTZ, Ann. de Chim. (3) LI, 358.

7) Compt. rend. LXVIII, 659, 726.

Le styrolène du styrax C_6H_5 CH CH_2, signalé actif par M. Berthelot 1);

L'iodure de triméthyléthylstibine $(CH_3)_3$ (C_2H_5) SbJ, signalé actif par M. Friedländer 2);

La β-picoline N C_5H_4 CH_3 signalé actif par M. Hesekiel 3).

Quant à *l'alcool propylique*, son activeté résultait d'après M. Henninger 4) de la présence d'alcool amylique.

Quant au *styrolène*, j'ai pu démontrer 5) que son pouvoir rotatoire était dû à la présence d'un corps actif de composition différente.

Ce corps a pu être isolé par une distillation réitérée du styrolène ordinaire: chaque fois une certaine quantité de métastyrolène, formé par la chaleur, reste dans la cornue, et le récipient reçoit un liquide à pouvoir rotatoire plus élevé, dont la valeur explique au juste l'activeté du styrolène primitif, comme il résulte des observations suivantes:

1ère distillation: 25 grammes du styrolène primitif, tournant de — 5°.54, donnèrent en distillant un résidu de métastyrolène et dans le récipient 16.6 grammes d'un liquide, tournant de — 8°.36; — 5°.54 $\times \dfrac{25}{16.6} = -8°.34$ est nécessaire pour expliquer le pouvoir rotatoire primitif;

2ème distillation: 16.4 grammes du liquide, tournant de — 8°.36, donnèrent en distillant 5.5 grammes de métastyrolène et dans le récipient un liquide, tournant de — 12°.67; — 8°.36 $\dfrac{16.4}{16.4 - 5.5} = -12°.58$ est nécessaire pour expliquer le pouvoir rotatoire du liquide primitif.

Une troisième distillation enfin, après chauffage préalable, produisit,

1) Compt. rend. LXIII, 518.

2) Journ. f. pr. Chem. LXX, 440.

3) Berl. Ber. XVIII, 3001.

4) Communication particulière.

5) Maandblad voor Natuurwetenschappen, VI, 72. Berl. Ber. IX, 5.

à côté d'une nouvelle quantité de métastyrolène, un liquide, différent absolument du styrolène, dans ses propriétés comme dans sa composition.

M. BERTHELOT 1), ayant maintenu sa proposition primitive, c'était le temps qui fallait décider la question.

Or, il y a trois chimistes qui depuis se sont occupés du styrolène du styrax et tous trois ils y ont reconnu l'impureté que j'y eus signalée :

M. KRAKAU 2) constata une variation très-notable dans le pouvoir rotatoire des styrolènes de divers provenance; tandis que M. BERTHELOT observa — 3° et moi je trouvai — 5°,5 M. KRAKAU obtint des échantillons, tournant de — 0°.6 jusqu'à — 6°.8. Il observa en outre qu'à mesure que l'activeté d'un styrolène diminue son poids spécifique s'approche de celui du cinnamène (0.925), c'est-à-dire du styrolène actificiel et donc inactif, tandis que l'aptitude à la polymérisation devient plus marquée, comme le traduit l'augmentation du poids spécifique qu'éprouve le styrolène avec le temps. Voici du reste le tableau des observations :

Rotation.	Poids spéc.	P.s. au bout d'un an.
— 0°.6	0.926	0.936
— 3°.6	0.915	0.921
— 5°.6	0.911	0.914
— 6°.8	0.912	0.914

M. VON MILLER 3) ajouta qu'un échantillon de styrolène, obtenu par lui, ne tourna pas moins de — 38°,03 et avait en même temps une composition bien différente de C_8H_8 et un poids spécifique bien moins élevé (0.8978).

M. WEGER 4) enfin constata que ce qu'on appelle styrolène du

1) Comptes rendus, LXXXII, 441.
2) Berl. Ber. XI, 1259.
3) Berl. Ber. XI, 1450.
4) Ann. der Chem. und Pharm. CCXXI, 68.

styrax est un mélange dont, même par fractionnements réitérés, il ne put isoler le styrolène pur.

De tout cela il résulte aujourd'hui que l'observation de M. Ber-THELOT ne présente plus aucune objection contre la relation entre le pouvoir rotatoire et la constitution atomique, qui résulte de la théorie exposée.

Quant à *l'iodure de triméthyléthylstibine* c'est M. LE BEL 1) qui a prouvé que son activeté encore était dûe à une impureté, provenant en toute probabilité de l'alcool éthylique employé; préparé avec de l'alcool éthylique qui avait été chauffé préalablement sous forme d'éthylate de soude pour rendre inactifs les traces d'alcool amylique qui pourraient s'y trouver le pouvoir rotatoire ne se présente pas.

Quant à la β-*picoline* enfin, obtenue à l'aide de l'acétamide et du pentoxyde de phosphore, son activeté optique a pu être attribuée par M. LANDOLT 2) à une erreur d'observation.

L'activeté disparaît avec le carbone asymétrique. Il y a une troisième série d'observations, particulièrement concluantes dans la vérification de la relation prise en défence. Déjà dans l'exposé primitif l'attention avait été fixée sur les quelques cas, connus alors, où l'activeté d'un corps disparaît dans ses dérivés aussitôt que le carbone asymétrique ne s'y trouve plus. Sous ce rapport il n'y avait alors qu'à citer les obser-vations suivantes:

Les acides malonique, fumarique et maléique inactifs, dérivés de l'acide malique actif; l'acide tartronique inactif dérivé de l'acide tartrique actif; le cymène inactif, dérivé du camphre actif.

Depuis, bon nombre d'observations analogues ont été produites.

Il s'agit d'abord de relever deux groupes de corps, la série amylique

------

1) Bull. de la Soc. chim. XXVII, 444.
2) Berl. Ber. XIX, 157.

et les dérivés de l'acide succinique, dans lesquelles les recherches ont été poursuivies dans toutes les directions.

Dans *la série amylique* dérivés de l'alcool actif H_3C (H_5C_2) CH CH_2OH l'activeté se maintient dans les éthers et les amylsulfates, dans le chlorure, le bromure et l'iodure, dans l'amylamine et dans ses sels, dans l'aldéhyde et l'acide valérique, dans le cyanure d'amyle et dans l'acide caproïque; dans l'éthylamyle et dans le diamyle. Non guidé par la théorie l'on serait tenté de prétendre que l'activeté se maintient dans toutes les directions; or, guidé par elle, M. LE BEL 1) et plus tard M. JUST 2) ont examiné ces dérivés immédiats où le carbone asymétrique ne se présente plus; c'étaient d'une part le méthyle-amyle $(H_5C_2)_2$ CH CH_3 et l'amylène H_3C (H_5C_2) C CH_2, d'autre part l'hydrure d'amyle $(H_3C)_2$ CH C_2H_5. Or en effet le pouvoir rotatoire faisait défaut dans chacun de ces trois corps.

Dans les dérivés de *l'acide succinique* c'est la même particularité qui se présente. En partant de l'acide tartrique actif on voit que le pouvoir rotatoire se maintient dans les sels et dans les éthers, dans l'acide tartramique et dans la tartramide, dans l'acide malique, ses sels, ses éthers, son amide, mais l'activeté disparaît dans l'acide succinique CO_2H CH_2 CH_2 CO_2H, obtenu par réduction de l'acide malique 3) et dans l'acide chloromaléique CO_2HCCl CH CO_2H 4), obtenu en traitant l'acide tartrique par le phosphore pentachloré; aussi dans ces composés le carbone asymétrique a-t'il disparu. En partant de l'asparagine actif on sait que le pouvoir rotatoire se maintient dans les sels, dans l'acide aspartique et ses sels, dans l'acide malique, ses sels et ses éthers, dans l'acide uramidosuccinique et l'acide urimidosuccinique 5); mais l'activeté disparaît dans l'acide succinique que l'on peut obtenir en partant de l'asparagine 4).

1) Bull. de la Soc. chim, (2) XXV, 565.
2) Ann. Chem. und Pharm. CCXX, 140.
3) BREMER et VAN 'T HOFF. Berl. Ber. IX, 215.
4) VAN 'T HOFF. Berl. Ber. X, 1620.
5) PIUTTI. Comptes rendus. CIII, 134.

Il y a ensuite à citer plusieurs cas particuliers, confirmant la même proposition:

L'acide oxalique, obtenu en partant, soit du sucre actif 1), soit de l'acide tartrique actif 1), est dépourvu du pouvoir rotatoire; il en est de même du furfurol, obtenu en partant des hydrates de carbone actifs 1). La phénylcystine active fournit par un traitement avec la baryte la phénylmercaptane inactive encore 2). L'acide oxybutyrique actif de M.M. Minkowski et Külz fournit un acide crotonique toujours inactif 3).

Parmi les observations de cet ordre il me parait qu'une attention toute particulière est due à ces cas où le produit, dénué du carbone asymétrique, a été obtenu par fermentation, en un mot par l'action d'organismes, parce que cette action, comme on verra dans la suite, est particulièrement favorable à la production de corps actifs; par conséquent un corps inactif prenant naissance dans ces circonstances, il y a lieu d'admettre que cette inactivité résulte de l'incompatibilité de sa constitution avec le pouvoir rotatoire.

Sous ce rapport les alcools éthylique, propylique et butylique inactifs, obtenus dans la fermentation du glucose actif, avaient déjà pu être signalés; j'ai pu y ajouter depuis les observations suivantes:

L'acide succinique 1), obtenu par fermentation de l'asparagine actif, est inactif; j'ai constaté qu'il en est de même de celui qui a été obtenu dans la fermentation du malate de chaux 4), du tartrate de chaux 4) et de l'amidon 5).

M. Beyerinck, à l'obligeance duquel je dois les produits cités obtenus par M. Fitz, me procura aussi un échantillon d'acétate éthylique

---

1) van 't Hoff. Berl. Ber. X, 1620.
2) Baumann und Preusse l. c.
3) Deichmuller, Szymanski und Tollens. Ann. der Chem. und Pharm. CCXXVIII, 95.
4) Berl. Ber. XII, 474.
5) Berl. Ber. XI, 42.

obtenu par lui-même dans une fermentation spéciale du maltose; or M. van Deventer a pu vérifier que ce composé est encore inactif.

---

2. Propriétés des corps contenant le carbone asymétrique.

L'inactivité y résulte de la présence d'un mélange. Lorsqu'un composé à carbone asymétrique se produit dans l'organisme, végétal ou animal, on y trouve presque sans exception l'activeté optique qui peut s'y présenter d'après les conceptions développées. Il en est bien différent lorsqu'un tel composé a été produit artificiellement; sans exception l'activeté optique lui fait défaut dans ce cas. Or il s'agit d'enlever l'objection qui se présente par là aux principes qui ont été posés.

A cet effet nous nous bornons d'abord à ces composés qui ne contiennent qu'un seul atome de carbone asymétrique en renvoyant pour les composés où ce nombre est supérieur au chapitre suivant.

Dès le début nous avons supposé, M. le Bel et moi, que l'inactiveté dans ces cas résultât de la présence simultanée d'une quantité égale des deux isomères à pouvoir rotatoire opposé.

Preuve théorique. La production d'un mélange inactif dans les réactions de laboratoire n'était pas seulement possible mais probable même, comme l'a montré M. le Bel par le raisonnement suivant en partant d'un principe général du calcul des probabilités 1):

„Lorsqu'un phénomène quelconque peut se passer de deux manières seulement, et qu'il n'y a aucune raison pour que le premier mode se produise de préférence au second, si le phénomène a eu lieu un nombre m de fois suivant la première manière, et m' fois suivant la

---

1) Bull. de la Soc. chim. XXII, 846.

seconde, le rapport $\frac{m}{m'}$ tend vers l'unité quand $m + m'$ croit au delà de toute limite.

De même si d'un corps symétrique 1) on a fait par des substitutions un corps dissymétrique 2), la dissymétrie a été introduite par une des substitutions qui ont eu lieu; considérons celle-ci en particulier. Le radical ou l'atome dont la substitution a introduit la dissymétrie avait auparavant un homologue qui lui était symétrique par rapport à un point ou à un plan de symétrie; ces radicaux se trouvant dans des conditions dynamiques et géométriques semblables si m et m' représentent le nombre de fois que chacun d'eux est substitué, $\frac{m}{m'}$ doit tendre vers l'unité, à mesure que le nombre de ces substitutions croit au delà de toute limite mesurable. Or, si la substitution d'un de ces radicaux homologues produit le corps dextrogyre, l'autre donnera le corps lévogyre, tous deux seront par conséquent en proportions égales.

Il en est de même pour les corps dissymétriques formés par addition; en effet le corps qui en s'ajoutant à une molécule symétrique en détruit la symétrie pourrait occuper une place identique située de l'autre côté du point ou du plan de symétrie; le raisonnement précédent s'applique également à ce cas."

Ajoutons que depuis longtemps déjà un tel cas s'était présenté à l'observation; en effet, dans la synthèse de l'acide tartrique, en partant par conséquent de composés inactifs, soit de l'acide succinique, c'est l'acide racémique qui a été obtenu; or ce composé n'est autre chose qu'une combinaison des deux acides tartiques droit et gauche en quantités égales.

---

1) Corps dépourvu du carbone asymétrique.
2) Corps contenant le carbone asymétrique.

Preuve expérimentale. Dédoublement. Or, depuis que la théorie exposée a permis de signaler les composés qui devaient se trouver dans des circonstances analogues, en un mot, depuis que l'opinion avait été émise que tout corps inactif à carbone asymétrique doit être dédoublable dans deux isomères actifs en quantités égales, comme l'est l'acide racémique, l'expérience n'a pas tardé à justifier cette prévision; en effet jusqu'à ce jour aucun composé inactif à un seul carbone asymétrique n'a résisté à la décomposition.

C'est M. LE BEL qui dédoubla:

le glycol propylénique 1) CH_3 CH OH CH_2OH, obtenu en partant du glycérate de soude, d'après M. BELOHOUBECK;

l'alcool amylique secondaire 2) C_3H_7 CH OH CH_3, obtenu en partant du méthylbutyryle, d'après M. FRIEDEL;

l'alcool amylique primaire 3) H_5C_2 (H_3C) $CH CH_2OH$ obtenu en chauffant le composé sodique de son isomère actif.

Il appliqua en vue du dédoublement la méthode des moisissures que M. PASTEUR avait fait connaître; ces organismes ayant une aptitude inégale à détruire les deux isomères qu'il s'agit d'isoler, leur végétation durant un temps suffisamment prolongé permet la production de l'un de ces isomères en partant de leur mélange inactif. C'est ainsi qu'une dissolution renfermant par litre 3 grammes d'alcool rendu inactif, 1.25 grammes de sels divers, un peu d'eau de levure et acidulée légèrement, a été ensemencée avec des spores de moisissures. Au bout d'un mois la végétation, d'apparence verte, ayant dépéri, on a distillé les liqueurs et isolé de l'alcool amylique qui marquait + 1°7' pour 10 centimètres.

C'est M. BREMER qui dédoubla:

l'acide malique 4) CO_2H CH_2 CH OH CO_2H, obtenu par la réduction de l'acide racémique;

1) Bull. de la Soc. chim. XXXIV, 129. Comptes rendus. XCII, 583.
2) Bull. de la Soc. chim. XXXIII, 106. Comptes rendus. LXXXIX, 312.
3) Bull. de la Soc. chim. XXXI, 104. Comptes rendus. LXXXVII, 213.
4) Berl. Ber. XIII, 351.

l'acide malique 1), obtenu d'après M. LOYDL 2)· on chauffant l'acide fumarique dans une lessive de soude.

Ce chimiste appliqua, afin de produire le dédoublement, une deuxième méthode que M. PASTEUR avait fait connaître et qui se base sur une aptitude inégale des deux isomères actifs à se combiner avec un composé doué de pouvoir rotatoire. C'est ainsi qu'une solution d'acide malique inactif fut neutralisée à moitié par le cinchonine, base active comme on sait, et portée à cristallisation en présence d'un fragment du malate actif de cinchonine; par là on obtint en effet le malate actif provenant du dédoublement.

C'est une méthode analogue qui a produit, dans les mains de M. LADENBURG, le dédoublement des composés suivants :

la *α-pipécoline* 3) CH_3 $CH(NC_4H_9)$, obtenue par la réduction de la α-méthylpyridine;

la *α-éthylpipéridine* 3) C_2H_5 CH (NC_4H_9), obtenue d'une manière analogue;

la *α-propylpipéridine* 4) C_3H_7 CH (NC_4H_9), ou la coniine inactive obtenue par la réduction de la α-allylepyridine.

Dans les trois cas la base inactive fut transformée dans son bitartrate et portée à cristallisation, dans le cas de la coniine en présence d'un fragment du bitartrate de la base active; chaque fois le bitartrate obtenu était celui de la base active produite par dédoublement.

D'autre part la méthode des moisissures a été appliquée avec succès par M. LEWKOWITSCH au dédoublement des composés inactifs que voici:

l'acide formobenzoïque 5) C_6H_5 CH OH CO_2H, obtenu en partant de l'aldéhyde benzoïque;

1) Recueil des Trav. chim. des Pays-Bas. IV. 180.
2) Ann. der Chem. und Pharm. CXCII, 82.
3) Berl. Ber. XIX, 2584, 2975.
4) Berl. Ber. XIX, 2578.
5) Berl. Ber. XV, 1505.

l'acide glycérique 1) CH_2 OH CH OH CO_2 H, produit par la voie ordinaire;

l'acide lactique 1) CH_3 CH OH CO_2 H, obtenu par fermentation;

Ajoutons que M. LEWKOWITSCH 2) réussit encore à dédoubler l'acide formobenzoïque qui vient d'être cité, en se servant de la cinchonine, comme le fit M. BREMER dans le dédoublement de l'acide malique.

Il nous reste à signaler que cette méthode permit aussi de dédoubler 3) :

l'acide formobenzoïque obtenu par le chauffage de son isomère actif.

Il y a ensuite à citer les recherches de M. M. SCHULZE et BOSSHARD 4). Ces savants réussirent en se servant de la méthode des moisissures à dédoubler:

la leucine inactive C_6H_4 OH CH_2 CH NH_2 CO_2H, obtenue en chauffant les matières albuminoïdes avec la baryte;

l'acide glutamique inactif CH_2H CH_2 CH_2 CH NH_2 CO_2H, obtenu de la manière précédente.

On le voit, il n'y a pas moins de quatorze fois que le dédoublement d'un corps inactif à carbone asymétrique ait été tenté et la tentative n'a jamais été infructueuse.

Impossibilité du dédoublement dans l'absence du carbone asymétrique.

Si donc jusqu'à quatorze fois l'expérience a réalisé le dédoublement là où la théorie du carbone asymétrique faisait entrevoir sa possibilité, il n'est pas superflu de rappeler ces cas où les tentatives de dédoublement ont échoué, en concordance complète avec l'absence du carbone asymétrique dans le composé en question.

Il s'agit des corps inactifs (p. 40) obtenus par l'action d'orga-nismes, comme l'acide succinique produit dans la fermentation de

---

1) Berl. Ber. XVI, 2720.
2) Berl. Ber. XVI, 1565.
3) Berl. Ber. XVI, 2721.
4) Berl. Ber. XVIII, 388. Zeitschr. f. physiol. Chemie. X, 134.

l'asparagine et de l'amidon, du tartrate et du malate de chaux; cet acide a été obtenu inactif malgré l'action dédoublante qui l'a produit. Ajoutons que les essais de dédoublement opérés par M.M. ANSCHUTZ et HINTZE sur les acides oxalique 1) et fumarique 2) ont été infructueux, ainsi que M. LE BEL a essayé en vain de dédoubler l'orthotoluidine 3) et que M. MAQUENNE n'a pas pu produire le dédoublement de l'inosite 4) dont la formule encore est dénuée du carbone asymétrique.

Type inactif non-dédoublable. Lorsque les travaux de M. LE BEL et de moi avaient été présentés à la Société chimique de Paris c'est M. BERTHELOT 5) qui, en présentant quelques remarques, insista sur l'insuffisance de nos conceptions en ce qu'elles ne tenaient pas compte du „type inactif non-dédoublable."

C'est M. PASTEUR qui avait fait connaître cette modification chez l'acide tartrique, où l'on possède en effet, à côté des acides actifs et de leur combinaison, l'acide tartrique inactif non-dédoublable comme représentant de ce quatrième type. Or dans ce cas spécial où il s'agit de la présence de deux carbones asymétriques, notre théorie prévoit en effet l'existence d'un composé inactif non-dédoublable, comme on verra.

Depuis, en généralisant, plusieurs chimistes ont admis l'existence de cette modification inactive non-dédoublable en règle général.

Or là où la formule de constitution ne présente qu'un seul atome de carbone asymétrique ce type est inexplicable dans la théorie développée. Sous ce rapport l'objection de M. BERTHELOT était parfaitement justifiée. Seulement il s'agissait de signaler le représentant du type inactif chez les corps qui ne contiennent qu'un seul atome de carbone asymétrique et M. BERTHELOT cita comme tel l'acide malique inactif,

---

1) Berl. Ber. XVIII, 1804.
2) Ann. der Chem. CCXXXIX, 164.
3) Bull. de la Soc. chim. XXXVIII, 98.
4) Comptes rendus. CIV, 225.
5) Bull. de la Soc. chim. XXIII, 339.

en effet le seul composé qui présentait une objection grave du point
de vue indiqué.

L'acide malique en question avait été obtenu par M. Pasteur
en partant de l'acide aspartique inactif de M. Dessaignes. Cet acide
malique était inactif et M. Pasteur le signala comme non-dédoublable 1),
mais il me semble, après lecture du mémoire cité, que ce savant n'a
pas insisté sur cette opinion. Toutefois depuis lors l'existence de
l'acide malique inactif non-dédoublable à côté du composé inactif par
compensation a été généralement admise 2).

Or récemment, par les expériences de M.M. Bremer, Anschütz
et H. J. van 't Hoff la difficulté décrite a été éliminée; non-seulement l'acide de M. Pasteur a été soumis à de nouvelles épreuves,
mais tous les acides maliques inactifs, obtenus par les différentes voies
que l'on connaît jusqu'à ce jour, ont été identifiés avec l'acide inactif
obtenu en ajoutant en quantités égales l'acide droit et gauche et plus
d'un de ces acides a été dédoublé en revanche.

Mon frère prouva 3) l'identité de l'acide inactif par synthèse avec
l'acide de M. Pasteur; il lui trouva dans le sel acide ammoniacal les
deux formes cristallines observées dans ce dernier selon qu'il s'agit du
sel anhydre ou hydraté. Il prouva 4) la même chose pour l'acide
malique inactif, obtenu par M. Loydl en chauffant l'acide fumarique
avec la soude, identité qui fut confirmée par le dédoublement de cet
acide qu' effectua M. Bremer 5).

C'est encore la même forme cristalline qui fut observée 6) dans

---

1) Ann. de Chim. et de Phys. (3) XXXIV, 46.

2) Voyez p. c. Landolt. Das optische Drehungsvermögen organischer Substanzen, pag. 20.

3) Maandblad voor Natuurwetenschappen, 1885, 1. Bijdrage tot de kennis
der inactieve appelzuren. Diss. 1885.

4) Berl. Ber. XVIII, 2170.

5) Recueil des Trav. chim. des Pays-Bas. IV, 180.

6) Berl. Ber. XVIII, 2713.

le bimalate ammoniacal de M. Kekulé provenant de l'acide bromo-succinique. Or, la comparaison cristallographique de ce sel, obtenu avec l'acide de M. Pasteur, celui de M. Kekulé et celui de M. Jungfleisch, préparé en chauffant l'acide fumarique avec l'eau, apprit à M. Anschütz 1) qu'il y a là aussi identité; observons que M. Jungfleisch 2), sans citer les mesures, avait reconnu l'identité cristallographique de son bimalate d'ammoniaque avec celui de M. Pasteur.

Tout récemment la preuve, fournie ainsi, a été renforcée encore par l'observation de M. Piutti 3) qui retrouva dans l'acide aspartique inactif, obtenu en mélangeant les isomères droit et gauche, la forme cristalline de l'acide aspartique de M. Dessaignes, acide qui servit à produire l'acide malique de M. Pasteur.

Il y a à ajouter qui l'acide malique 4), obtenu en chauffant avec la soude l'acide maléique, a été trouvé encore identique à l'acide malique dédoublable, résultat confirmé depuis par l'identité probable des acides aspartique, méthyl- et éthylmalique, qu'obtinrent M.M. Engel 5) et Purdie 6) en traitant par l'ammoniaque, par le méthylate et par l'éthylate de soude les acides fumarique et maléique. L'isomérie de ces acides disparait par conséquent dans les composés maliques qui en dérivent.

La présence du carbone asymétrique est-elle suffisante pour produire l'activité optique? Il s'agit de rappeler une supposition que j'avais soulevée au début et qui depuis a été jugée suffisamment par l'expérience pour pouvoir se prononcer définitivement à son égard. En admettant la nécessité d'isomérie en cas de la présence du carbone

---

1) Berl. Ber. XVIII, 1949.
2) Bull. de la Soc. chim. XXX, 147.
3) Compt. rend. CIII, 134.
4) Berl. Ber. XVIII. 2713.
5) Compt. rend. CIV, 1805.
6) Chem. Soc. Journ. 1885, 855.

asymétrique il ne me parut pas nécessaire que cette isomérie se traduisit sans exception dans la présence du pouvoir rotatoire. En un mot il me parut possible a priori que la différence des quatre groupes combinés au même carbone était à elle seule insuffisante à produire l'activeté et que quelque condition spéciale dans ces groupes eux-mêmes devrait s'y ajouter. Or depuis lors, la grande diversité des corps actifs que l'on a appris à connaître parait exclure une telle restriction et la différence seule des groupes parait suffisante. En effet dès le début il était clair, en vertu de l'activeté optique des acides lactique CH (OH) (CH_3) (CO_2H), malique CH (OH) (CO_2H) (CH_2CO_2H) et aspartique CH (NH_2) (CO_2H) (CH_2CO_2H) p. e., que toute diversité dans des groupes carbonés est suffisante à produire le pouvoir rotatoire, et que la différence entre ceux-ci et l'hydrogène suffit encore, comme aussi celle entre l'hydrogène et des groupes oxygénés (OH) et azotés (NH_2).

Or depuis lors la découverte de l'activeté chez l'ioduro d'alcool amylique secondaire CHJ (CH_3) (C_3H_7) par M. LE BEL 1) a prouvé que même la différence entre l'hydrogène et un atome halogène suffit à la production du pouvoir rotatoire; depuis lors il parait que toute restriction a perdu sa raison d'être.

Production des composés inactifs par compensation en chauffant les dérivés actifs. Il y a longtemps déjà que l'on avait observé la perte du pouvoir rotatoire par le chauffage des corps optiquement actifs, et la production de l'acide racémique dans ces circonstances, en partant de l'acide tartrique droit 2) avait appris que, dans ce cas du moins, la perte d'activeté résulte de la transformation partielle dans l'isomère actif en sens opposé. Depuis lors les observations de cet ordre se sont accumulées: le chauffage de l'alcool amylique actif (dans son dérivé sodique) produisit un isomère inactif, qui a été dédoublé par

1) Bull. de la Soc. chim. (2) XXXIII, 106.
2) JUNGFLEISCH. Compt. rend. LXXV, 439 et 1739.

M. le Bel 1), celui de l'acide formobenzoïque a fourni un acide inactif, dédoublé par M. Lewkowitsch 2); M.M. Schulze et Bosshard 3) enfin ont obtenu en chauffant la leucine active un isomère inactif qu'ils ont réussi à dédoubler encore; et depuis qu'il faut admettre que l'acide aspartique de M. Dessaignes est dédoublable on peut ajouter à cette série la formation de l'acide aspartique inactif par M.M. Michael et Wing 4) en chauffant l'isomère actif; ces auteurs ont constaté en effet l'identité de leur acide avec celui de M. Dessaignes. En vue de ces observations il y a lieu d'admettre que tout corps actif perd son activeté par le chauffage et que cela résulte, en cas de la présence d'un seul atome de carbone asymétrique, de la formation en quantité égale des deux isomères à pouvoir rotatoire opposé.

C'est en vertu de cette transformation que plus d'une fois, dans les dérivés d'un composé actif on voit disparaître le pouvoir rotatoire tandis que le carbone asymétrique s'y présente encore, comme p. e. dans le cas de la production de la tyrosine, de la leucine et de l'acide glutamique inactifs en chauffant avec la baryte les matières albuminoïdes. En effet M.M. Schulze et Bosshard ne tardèrent pas à chercher l'origine de cette anomalie dans l'explication présentée ici et trouvèrent, en décomposant les matières albuminoïdes à une température moins élevée par l'acide chlorhydrique, que la leucine, la tyrosine et l'acide glutamique obtenus ainsi sont actifs. Cela, joint à l'observation directe de la perte du pouvoir rotatoire en chauffant la leucine, ne laisse aucun doute sur l'origine de l'inactiveté des corps en question, obtenus par la voie précédente. Ajoutons que l'inactiveté des acides monobromosuccinique, dinitrotartrique et pyrotartrique p. e., obtenus en partant des acides malique et tartrique actifs, donne lieu à des réflections absolument analogues.

1) Bull. de la Soc. chim. XXXI, 104. Compt. rend. LXXXVII, 213.
2) Berl. Ber. XV, 1505.
3) Berl. Ber. XVIII, 388. Zeitschr. f. physiol. Chemie. X, 134.
4) Berl. Ber. XVIII, 2984.

Or il y a un second point de vue qui augmente l'intérêt des observations indiquées, depuis qu'il est possible, en appliquant les principes de thermodynamique et en se basant sur la théorie du carbone asymétrique, d'expliquer la transformation avec perte d'activité dont il s'agit. En vue de cette démonstration je cite, en renvoyant pour les détails à un travail sur l'équilibre chimique 1), les conditions auxquelles un tel état de stabilité est assujetti. Il s'agit en effet d'une question de cet ordre: étant donné l'existence des deux isomères à pouvoir rotatoire opposé et la possibilité de leur transformation mutuelle, il s'agit de connaître les quantités relatives dans lesquelles ces deux composés doivent être en présence l'un de l'autre afin de former un système stabile.

Un tel équilibre dépend du travail (E) que la transformation peut produire, travail qui doit être égal à zéro dans le cas en question, vue la symétrie mécanique parfaite des deux isomères, dont il s'agit, d'après la conception développée.

Il en résulte que la constante d'équilibre (K), qui détermine la proportion relative des deux composés, est égale à l'unité, parce que cette constante est reliée au travail (E) par l'équation suivante:

$$l.K = - \frac{E}{2T}$$

où T indique la température absolue. Il est clair alors que pour qu'il y ait équilibre les quantités relatives des deux isomères doivent être égales.

A cette même conclusion l'on arrive en envisageant le problème du côté dynamique 2): la tendance de transformation étant la même chez les deux isomères, vue leur symétrie mécanique parfaite, tant que l'un d'eux prédomine, il s'en transformera une plus forte portion.

---

1) VAN 'T HOFF. Archives Neêrl. 1886. Kon. Svenska, Akad. Handl. 1886.
2) VAN 'T HOFF. Berl. Ber. X, 1620.

DEUXIÈME PARTIE.

LA LIAISON SIMPLE DU CARBONE.

I. APPLICATION DE L'IDÉE FONDAMENTALE.

Position relative des six groupes combinés en cas de liaison simple du carbone. En vue du développement de la théorie exposée il s'agit d'avoir une conception nette sur la structure des corps dans lesquels les atomes de carbone sont combinés à ce qu'on appelle la liaison simple. Le principe fondamental du groupement tétraédrique exige à lui seul que les deux atomes de carbone en question occuperont en même temps le centre de l'un des tétraèdres et le sommet de l'autre. Cette condition conduit par conséquent à la position relative des deux tétraèdres comme l'indique la Figure 10 pour le composé $C(R)_3 C(R_1)_3$, mais toute position relative différente, dérivant de celle-ci par rotation de l'un des tétraèdres autour de l'axe CC, serait également admissible.

Pour échapper à cette prévision d'une isomérie sans fin qui se présente ainsi au premier abord, il n'est nullement nécessaire d'introduire d'hypothèse additionnelle; la difficulté disparait d'un seul coup en tenant compte de l'action mutuelle que doivent exercer les groupes R et les groupes R_1 unis à chacun des deux atomes de carbone combinés. En effet, si cette action dépend, comme d'ailleurs toute force connue, de la distance et de la nature des groupes en question, il n'y aura parmi les positions possibles qu'une seule qui correspond à l'état de stabilité. Comme telle nous admettrons, afin de préciser, la position relative indiquée par la Figure 10, où les groupes R et R₁ sont supposés vis-à-vis les uns des autres, formant ainsi les sommets d'un prisme triangulaire équilatéral; observons que toute supposition différente sous ce rapport conduirait aux mêmes conclusions que nous offrira celle-ci.

Représentation graphique. Introduisons, avant d'aller plus loin, une notation très-simple, où l'on indiquera comme suit les groupes combinés aux atomes de carbone :

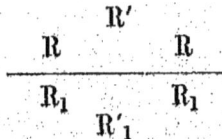

$$\begin{array}{ccc} & R' & \\ R & & R \\ \hline R_1 & & R_1 \\ & R'_1 & \end{array}$$

Les groupes, placés au-dessus l'un de l'autre dans cette notation, sont ceux qu'on suppose vis-à-vis en réalité. Pour éviter tout équivoque il s'agit d'observer que la position réelle s'obtient en repliant le papier en angle droit par RR et par R₁R₁ de manière à relever R' et R'₁ au-dessus du plan de dessin, en formant ainsi des groupes les sommets du prisme triangulaire cité.

Asymétrie dans l'un des atomes de carbone. Examinons maintenant le cas d'asymétrie dans l'un des atomes de carbone, c'est-à-dire le cas $C(R)_3$ $CR_1R_2R_3$, où il y a différence dans les quatre groupes R_1, R_2, R_3 et $C(R)_3$ auxquels un de ces atomes est combiné; l'isomérie existante alors d'après ce qui précède se traduit dans nos symboles introduits par l'ordre différent dans les groupes R_1, R_2 et R_3 comme les figures ci-dessous le traduisent :

$$\begin{array}{ccc} & R_1 & \\ R_2 & & R_3 \\ \hline R & & R \\ & R & \end{array} \quad \text{et} \quad \begin{array}{ccc} & R_1 & \\ R_3 & & R_2 \\ \hline R & & R \\ & R & \end{array}$$

54

Cette différence dans l'ordre successif a été indiquée autrefois (Lagerung der Atome im Raume, p. 7) par deux flèches en sens opposé, mais nous tenons à introduire ici une simplification. En effet l'on peut se servir des formules $C(R_1R_3R_2)\ C(R)_3$ et $C(R_1R_2R_3)\ C(R)_3$, c'est-à-dire des formules usitées, pour indiquer la différence dont il s'agit, en donnant toutefois dans cette notation-ci une signification réelle à l'ordre relatif dans les groupes R_1, R_2 et R_3; il est clair que sous ce rapport les formules indiquées offrent une différence absolument analogue à celle des symboles compliqués cités plus haut.

Asymétrie dans plusieurs des atomes de carbone. La prévision d'isomérie en cas de la présence de deux atomes de carbone asymétrique, dans le cas $C(R_1R_2R_3)\ C(R_4R_5R_6)$ par conséquent, se traduit maintenant par les quatre symboles suivants :

a. 1) $C(R_1R_2R_3)\ C(R_4R_6R_5)$ a. 2) $C(R_1R_3R_2)\ C(R_4R_5R_6)$

b. 1) $C(R_1R_2R_3)\ C(R_4R_5R_6)$ b. 2) $C(R_1R_3R_2)\ C(R_4R_6R_5)$

représentant deux à deux des images non-superposables et par conséquent des isomères à pouvoir rotatoire égal mais opposé, et à forme cristalline hémiédrique énantiomorphe.

Il est facile de prévoir que le nombre d'isomères prévus, se doublant ainsi par la présence de chaque atome de carbone asymétrique, reviendra à 2^n, si le nombre de ces atomes remonte à n, et que toujours ces isomères se grouperont par paires, ayant le pouvoir rotatoire opposé et la forme cristalline énantiomorphe.

Influence de la symétrie dans la formule. Type inactif non-dédoublable. Avant de passer à la vérification de ces prévisions il s'agit d'envisager encore le cas où la présence de plusieurs atomes de carbone asymétrique est accompagnée d'une symétrie dans la formule, par conséquent le cas $C(R_1R_2R_3)$ $C(R_1R_2R_3)$. C'est alors que les quatre symboles cités plus haut reviennent à :

a. 1) $C(R_1R_2R_3)$ $C(R_1R_3R_2)$ a. 2) $C(R_1R_3R_2)$ $C(R_1R_2R_3)$

b. 1) $C(R_1R_2R_3)$ $C(R_1R_2R_3)$ b. 2) $C(R_1R_3R_2)$ $C(R_1R_3R_2)$

Il est clair que dans ce cas le nombre total d'isomères prévus se réduit, parce que les symboles a. 1 et a. 2 représentent des structures identiques. Observons encore que ce symbole correspondra à un corps dénué de pouvoir rotatoire, non par compensation d'isomères à activité opposée, mais par sa structure atomique à elle; en effet les deux parties de la molécule $C(R_1R_2R_3)$ et $C(R_1R_3R_2)$ étant les images non-superposables l'une de l'autre, elles auront sur la lumière polarisée une action égale mais en sens invers. C'est là par conséquent que vient émaner de notre théorie le type inactif non-dédoublable, isomère de deux autres b. 1 et b. 2 qui auront le pouvoir rotatoire opposé et égal.

Il y a lieu d'insister sur ce que l'observation faite dans le cas spécial de la présence de deux carbones asymétriques, s'applique également alors que ce nombre serait supérieur, si toutefois la condition essentielle, la symétrie dans la formule atomique, est réalisée. C'est ainsi que s'il s'agit en général de n atomes de carbone asymétrique l'on est conduit à prévoir, au lieu des 2^n isomères actifs prévus sans symétrie dans la formule, les composés différents que voici :

$\frac{1}{2} 2^n$ isomères actifs, se groupant par paires à pouvoir rotatoire égal mais en sens opposé et à forme cristalline énantiomorphe;

$\frac{1}{2} 2^{\frac{n}{2}}$ représentants du type inactif non-dédoublable.

II. VÉRIFICATION DE LA THÉORIE.

Symétrie dans la formule, accompagnée de la présence de deux atomes de carbone asymétrique.

Dans le cas en question l'on prévoit, comme il vient d'être exposé, l'existence de trois isomères, dont deux doués du pouvoir rotatoire égal et opposé, tandis que le troisième sera dépourvu de cette propriété, toutefois sans être dédoublable. Il y a à ajouter que les deux isomères actifs pourront produire un mélange ou une combinaison dénué lui aussi de pouvoir rotatoire mais nettement distingué par la possibilité du dédoublement dans ce cas. Passons en revue les composés réalisant ces prévisions.

Les acides tartriques. La vérification la plus complète de notre théorie sous le rapport indiqué se présente dans l'isomérie des acides tartriques CO_2H $CHOH$ $CHOH$ CO_2H. L'on y connaît en effet les deux isomères à pouvoir rotatoire égal mais opposé, représentés d'après ce qui précède par les symboles suivants :

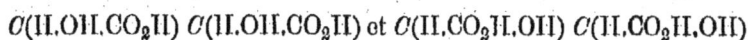

$$C(H,OH,CO_2H) \; C(H,OH,CO_2H) \text{ et } C(H,CO_2H,OH) \; C(H,CO_2H,OH)$$

et leur combinaison inactive, l'acide racémique, dédoublé par M. Pas-teur. Or ce qui caractérise le cas spécial en question c'est l'existence d'un isomère inactif non-dédoublable, découvert par M. Pasteur aussi et que M. Przibytek 1) a encore tenté de dédoubler tout récemment quoiqu'avec un résultat toujours négatif. En effet un tel composé se prévoit ici et notre théorie le traduit par la formule que voici :

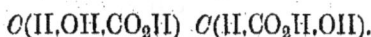

$$C(H,OH,CO_2H) \; C(H,CO_2H,OH).$$

L'érythrite CH_2OH $CHOH$ $CHOH$ CO_2H peut être citée comme deuxième représentant de ce type inactif non-dédoublable, depuis que M. Przibytek 1) a démontré qu'elle produit par son oxydation l'acide tartrique inactif non-dédoublable. En effet la constitution de l'érythrite fait-elle prévoir la possibilité d'inactivité optique sans qu'elle entraîne la nécessité du dédoublement. Il est probable que *l'arabite* CH_2OH $CHOH$ $CHOH$ $CHOH$ CH_2OH, obtenue par la réduction de l'arabinose CH_2OH $(CHOH)_3$ COH active et qui elle-même est dénuée de pouvoir rotatoire 2), représente aussi un des cas d'inactivité du type non-dédoublable; sa formule le permet en effet.

---

1) Berl. Ber. XVII, 1412.
2) Berl. Ber. XX, 1233.

Il y a ensuite à citer plusieurs composés dont la constitution se rapproche beaucoup de celle de l'acide tartrique, présentant comme celle-ci une formule symétrique et deux carbones asymétriques. Ces composés méritent une attention spéciale parce qu'ils présentent constamment une isomérie, qui, inexplicable par la théorie ancienne, n'est qu'une simple nécessité dans la nôtre, isomérie correspondant selon nos conceptions à celle des acides racémique et tartrique inactif. Si jusqu'à ce jour aucun de ces deux isomères n'ait été dédoublé c'est qu'une tentative sérieuse dans cette direction n'ait pas encore été effectuée. Il y a à citer sous ce rapport les cas suivants:

Les *acides dibromo- et isodibromosuccinique* CO_2H $CHBr$ $CHBr$ CO_2H.

Les *acides diméthylsucciniques isomères* CO_2H $CH(CH_3)$ $CH(CH_3)$ CO_2H 1).

Les *acides α- et β-diphénylsucciniques* CO_2H $CH(C_6H_5)$ $CH(C_6H_5)$ CO_2H 2).

L'*hydro- et l'isohydrobenzoïne* C_6H_5 $CHOH$ $CHOH$ C_6H_5, à côté desquels l'on pourrait citer une série de dérivés et de homologues, offrant tous l'isomérie inexplicable dans la théorie ancienne.

Les *deux bromures d'érythrène* CH_2Br $CHBr$ $CHBr$ CH_2Br 3) enfin paraissent appartenir à la même catégorie.

La difficulté que peut présenter au premier abord l'admission des deux types inactifs dédoublable et non-dédoublable comme interprétation de l'isomérie observée dans ces cas diminue singulièrement en ayant égard à l'analogie complète qui existe entre la formule de l'acide tartrique, où l'interprétation présentée est un fait acquis, et celle des corps en question. En effet si l'on remplace le groupe hydroxyle de l'acide tartrique par le brome, par le méthyle ou par le phényle on arrive aux acides succiniques substitués cités d'abord et il est loin d'être improbable que les acides racémique et tartrique inactif soumis à ces substitutions conduiraient à des composés inactifs et isomères.

---

1) Berl. Ber. XVIII, 846, 2348.
2) Berl. Ber. XIV, 1802; XV, 2028. 3) Compt. rend. CIV, 1446.

III. VÉRIFICATION DE LA THÉORIE.

Cas plus compliqués.

Si parmi les corps à deux atomes de carbone asymétrique, dont la formule symétrique simplifie la possibilité d'isomérie, il n'y a à la vérité qu'un seul cas bien étudié, savoir celui des acides tartriques, il n'est pas étonnant de voir une réalisation encore peu complète des prévisions développées dans les cas plus compliqués. En revanche il y a à citer dans la catégorie en question une foule d'isoméries que les formules de constitution anciennes sont incapables d'interpréter, tandis qu'elles sont nécessaires d'après les nôtres.

Envisageons d'abord les *composés dont la formule de constitution sans symétrie elle-même, présente deux atomes de carbone asymétrique.* Notre théorie y prévoit l'existence de quatre isomères actifs, groupés par paires à pouvoir rotatoire égal et opposé; en effet cette prévision se trouve-t-elle réalisée dans l'existence des *quatre bornéols actifs* 1) (.$CHOH$ $C(CH_3)$ $CHCH_2$ $CH(C_3H_7)CH_2$.) obtenus dans la réduction des deux camphres (.$COC(CH_3)$ $CHCH_2$ $CH(C_3H_7)CH_2$.). Or, dans les réactions de laboratoire, en partant de corps inactifs, il faut s'attendre chez de tels composés à la production, en quantités égales, des deux membres de l'une des deux paires citées, en mélange ou en combinaison inactif (comme on le connaît aussi chez les bornéols); par conséquent, en apparence, à deux isomères sans pouvoir rotatoire. Aussi est-il curieux de voir qu'en réalité et plus d'une fois une isomérie inexplicable a été observée dans ces cas; il y a p. e. tout un groupe de cet ordre à citer dans les produits d'addition au brome correspondant à la formule $C(R_1R_2Br)$ $C(R_3R_4Br)$ et obtenus en partant des isomères non-saturés $C(R_1R_2)$ $C(R_3R_4)$, dont il y aura question plus au large dans la suite. Citons comme tels:

Les *acides αβ-dibromobutyriques isomères* CH_3 $CHBr$. $CHBr$ CO_2H,

---

1) Compt. rend. CV, 227.

obtenus en traitant par le brome les acides crotonique et isocrotonique CH_3 $CHCH$ CO_2H 1).

Les *acides mésa- et citradibromopyrotartrique* CH_3 CBr (CO_2H) $CHBr$ CO_2H, produits en traitant par le brome les acides mésa- et citraconique CH_3C (CO_2H) $CHCO_2H$.

Les *acides dibromopalmitiques isomères* CH_3 $CHBr$ $CHBr$ $(C_{13}H_{25}O_2)$, produits en traitant par le brome les acides hypogéique et gaïdique CH_3 $CHCH$ $(C_{13}H_{25}O_2)$.

Les *acides dibromostéariques isomères* CH_3 $CHBr$ $CHBr$ $(C_{15}H_{29}O_2)$, obtenus en traitant par le brome les acides oléique et élaïdique CH_3 $CHCH$ $(C_{15}H_{29}O_2)$.

Les *acides dibromobéniques isomères* CH_3 $CHBr$ $CHBr$ $(C_{19}H_{37}O_2)$, obtenus en traitant par le brome les acides érucique et brassique CH_3 $CHCH$ $(C_{19}H_{37}O_2)$.

Ajoutons-y les *glycols isomères* C_6H_4 $CHOH$ $CHOH$ CH_3 1) et surtout l'observation générale à laquelle M. ZINCKE 2) a été conduit, qu'*une isomérie inexplicable se rencontre régulièrement chez les glycols* $XCHOH$ $CHOHY$, isomérie qui ne se présente pas dans le cas $XCHOH$ CH_2OH; en effet chez les produits de laboratoire non-dédoublés notre théorie ne la prévoit que dans le premier cas.

Il y a ensuite les groupes de l'acide saccharique et. de la mannite, réalisant tous les deux la *symétrie dans la formule*, accompagnée de la *présence de quatre carbones asymétriques*, comme l'indiquent les constitutions respectives CO_2H $(CHOH)_4$ CO_2H et CH_2OH $(CHOH)_4$ CH_2OH. Notre théorie y conduit également à prévoir les isomères suivants :

$\frac{1}{2} 2^n = 8$ composés actifs, se groupant par paires ;

$\frac{1}{2} 2^{\frac{n}{2}} = 2$ composés inactifs du type non-dédoublable.

Or, en ce qui concerne le *groupe de l'acide saccharique*, d'après les recherches récentes de M. KILIANI 3) il y a en effet à distinguer parmi les corps répondant à la formule CO_2H $(CHOH)_4$ CO_2H non

---

1) Berl. Ber. XX, 1010; XVI, 1268.   2) Berl. Ber. XVII, 708.
8) Berl. Ber. XX, 339.

moins que quatre isomères, savoir les *acides saccharique, mucique, isosaccharique* et *métasaccharique*. En observant encore · que l'acide saccharique a été trouvé actif 1) et que son existence comporte donc celle d'un isomère à pouvoir rotatoire égal et opposé le nombre de cinq isomères répondant à la formule citée est à peu près incontestable. Ajoutons que l'activeté des trois isomères, non-étudiés sous ce rapport, est probable, du moins chez l'acide métasaccharique, ce qui augmenterait encore d'avantage le nombre d'isomères assurés.

Dans *le groupe de la mannite* il y a à citer *la mannite* et *la dulcite* comme isomères bien accusés répondant à la formule CH_2OH $(CHOH)_4$ CH_2OH. Il y a plus, la mannite ayant été trouvée optiquement active, sans aucune doute l'isomère doué d'activeté optique opposée se trouvera à côté d'elle un jour. Même chose pour la dulcite, bien que jusqu'ici son activeté n'ait pu être observée dans ses dérivés seulement 2). Ajoutons que la mannite et la dulcite ne peuvent se compléter mutuellement sous le rapport en question, comme l'indique déjà la différence notable de leurs points de fusion, ceux-ci étant identiques chez les corps à pouvoir rotatoire égal et opposé. En un mot, même en faisant abstraction de la perséite 3) et de la sorbite 4) on arrive à quatre isomères au moins ayant la même formule de constitution.

Le grand nombre de dix isomères, que notre théorie prévoit dans les groupes cités, est donc loin d'offrir un inconvénient, tandis que la première isomérie bien accusée sous ce rapport, et de cela il n'y a aucune doute, offre à la théorie existante un obstacle insurmontable.

Il nous reste à relever quelques particularités par rapport aux *composés à quatre carbones asymétriques sans symétrie dans la formule;* ce sont les isomères de l'acide gluconique et les glucoses qui entrent dans cette catégorie où notre théorie prévoit non moins que $2^4 = 16$

---

1) Ann. der Chemie und Pharm. CCXX, 356.
2) Comptes rend. LXXIV, 665.
3) Comptes rend. XCIX, 38.
4) Berl. Ber. XVIII, 1821.

corps différents. La réalisation parait encore bien éloignée, mais pourtant, d'après les dernières recherches de M. Kiliani 1) il y a trois acides bien accusés correspondant à la formule de l'acide gluconique CO_2H $(CHOH)_4$ CH_2OH; ce sont les *acides gluconique, arabinose-carbonique et galactonique.* Ajoutons que l'activeté de ces trois acides 2) ayant été prouvée et ces composés n'offrant pas le caractère des isomères actifs en sens opposé, l'existence de chacun d'entre eux comporte celle de deux isomères à pouvoir rotatoire égal mais de signe contraire. Par conséquent l'existence de six isomères est déjà assurée.

Quant au *groupe des glucoses*, répondant à la formule $C_6H_{12}O_6$, il résulte des recherches récentes que là aussi les conceptions anciennes sont incapables d'expliquer le nombre d'isomères bien accusés. Résumons en peu de mots l'état actuel des choses sous ce rapport.

En limitant la catégorie des glucoses aux composés répondant à la formule citée qui offrent les traits caractéristiques établis par M.M. Tollens 3) et Fischer 4) respectivement, savoir de produire l'acide lévulique CH_3CO $(CH_2)_3$ CO_2H ou un dérivé hydrazique selon qu'on les traite avec l'acide chlorhydrique on avec la phénylhydrazine, il est extrêmement probable que l'on a affaire à des composés contenant un chaînon de carbone dit normal et un atome d'oxygène à liaison double. La théorie ancienne permet de prévoir trois isomères répondant à ces conditions, exprimés par les formules de constitution que voici:

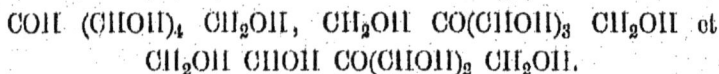

$$COH \ (CHOH)_4 \ CH_2OH, \ CH_2OH \ CO(CHOH)_3 \ CH_2OH \ et$$
$$CH_2OH \ CHOH \ CO(CHOH)_2 \ CH_2OH.$$

Depuis, les recherches de M. Kiliani ont appris que la dextrose correspond à la première de ces formules, donnant par addition à

---

1) Berl. Ber. XX, 339.

2) Ann. der Chemie und Pharm. CCXX, 335; Beilstein, 643; Berl. Ber. XIX, 3034.

3) Ann. der Chemie und Pharm. CCVI, 220; CCXXVII, 228; Berl. Ber. XIX, 107.

4) Berl. Ber. XX, 821.

l'acide cyanhydrique un composé à chaînon de carbone normal 1), tandis que la lévulose, donnant par ce traitement un dérivé de l'acide isoheptylique, répondrait à la deuxième des trois formules citées 2).

Or la catégorie des glucoses, présentant les réactions TOLLENS-FISCHER, comprend déjà quatre composés différents, savoir *la dextrose, la lévulose, la galactose et la sorbine* qui, douée chacune de pouvoir rotatoire et n'offrant pas le caractère d'activeté égale mais en sens opposé, assurent déjà maintenant l'existence de huit isomères, là où la théorie ancienne n'en interprète que trois au plus. Ajoutons enfin que nos connaissances de ce groupe sont encore tout en ébauche et que bien récemment 3) encore il vient d'être enrichi par un composé $C_6H_{12}O_6$, qui, obtenu en oxydant la dulcite, rentre probablement dans la catégorie restreinte dont il a été question.

---

1) Berl. Ber. XIX, 1128.
2) Berl. Ber. XIX, 225.
3) Berl. Ber. XX, 1089.

TROISIÈME PARTIE.

DÉDOUBLEMENT DES COMPOSÉS INACTIFS PAR COMPENSATION. POINT DE TRANSITION.

Aperçu des méthodes. Il a été observé que, si l'on produit par une réaction de laboratoire un composé à carbone asymétrique, partant d'un autre qui en était dépourvu, l'activeté optique qu'on introduit d'après nos conceptions ne se montre pas dans le corps obtenu tel quel, parce qu'il y a eu production d'un mélange ou d'une combinaison de deux isomères à activeté égale mais en sens opposé. Nous renvoyons aux pages 41-46 pour les preuves qui ont rendu depuis de cette supposition primitive une vérité presqu'incontestable. Or il s'agit maintenant de donner un aperçu des méthodes qui ont permis de séparer les isomères en question, surtout afin de faire ressortir ce que les recherches toutes récentes ont appris sur les conditions de ce dédoublement et par conséquent aussi sur la production artificielle des composés actifs.

Le dédoublement a été possible grâce à trois méthodes que M. Pasteur a fait connaître et que nous allons examiner successivement; elles sont basées sur les trois principes que voici:

1°. Sur la facilité différente avec laquelle les isomères à pouvoir rotatoire opposé sont transformés par les organismes;

2⁰. Sur l'aptitude différente de ces isomères à se combiner avec un composé actif, et la différence des produits obtenus ainsi;

3⁰. Sur la possibilité de séparer dans certaines circonstances les corps en question par cristallisation.

Dédoublement à l'aide d'organismes. La différence curieuse dans l'action des organismes sur les isomères actifs en sens opposé fut découverte par M. Pasteur 1) dans l'observation que la végétation du Penicillium dans une solution diluée du racémate ammoniacal, additionnée d'une trace de phosphate, finit par produire une solution de tartrate gauche, l'isomère droit étant disparu par l'action des organismes.

C'est cette méthode plus ou moins physiologique, dont l'application a fourni depuis un nombre très-considérable de preuves à l'appui de la théorie développée. Rappelons les détails:

M. LE BEL dédoubla, en appliquant ce principe, les trois composés que voici:

1⁰. l'alcool amylique 2) CH_3 (C_2H_5) $CHCH_2OH$, le Pénicillium détruisant de préférence la modification gauche;

2⁰. l'alcool amylique secondaire 3) CH_3 $CHOH$ CH_2 CH_2 CH_3, le Pénicillium détruisant la modification droite;

3⁰. le glycol propylénique 4) CH_3 $CHOH$ CH_2OH enfin fut dédoublé par le même chimiste à l'aide d'une végétation de Bacterium termo qui détruit de préférence la modification droite.

M. LEWKOWITSCH réussit encore en appliquant la méthode physiologique dans les cas suivants:

1⁰. l'acide formobenzoïque C_6H_5 $CHOH$ CO_2H; le chimiste cité observa que selon l'organisme dont il s'agit il y a destruction de

---

1) Comptes rend. LI, 298,
2) Comptes rend. LXXXVII, 213.
3) Comptes rend. LXXXIX, 312.
4) Comptes rend. XCII, 532.

préférence soit du composé gauche soit du composé droit; le premier
cas se présente dans la végétation du Bacterium termo, de l'Aspergillus
mucor, du Pénicillium glaucum 1), tandis que le contraire arrive en
présence du Saccharomyces ellipsoideus et probablement aussi dans la
végétation du Pénicillium à l'abri de l'air, comme dans celle d'une
Schizomycète non déterminée 2) (Vibrion?);

2⁰. l'acide glycérique 3) CO_2H $CHOH$ CH_2OH; le Pénicillium
y détruit de préférence la modification droite;

3⁰. l'acide éthylidénolactique 3) CH_3 $CHOH$ CO_2H; dans ce
cas-ci le Pénicillium détruit la modification gauche.

Il y a enfin à citer les dédoublements effectués par M.M. Schulze
et Bosshard, qui eux encore se basèrent sur l'application de la
méthode physiologique dans les cas suivants:

1⁰. la leucine 4) CH_3 $(CH_2)_4$ $CHNH_2$ CO_2H, où la végétation
du Pénicillium finit par détruire la modification qui dans une solution
chlorhydrique dévie à droite la lumière polarisée;

2⁰. l'acide glutamique 4) CO_2H $CHNH_2$ CH_2CH_2 CO_2H, où la
végétation citée produit un effet analogue.

Observons que cette aptitude différente des organismes à transformer
les isomères à pouvoir rotatoire opposé parait correspondre à leur
faculté de produire, en partant de substances inactives, des composés
actifs, à condition toujours que la structure atomique de ces derniers
permet le pouvoir rotatoire. C'est ainsi p. e. que l'organisme végétal
produit, en partant de l'acide carbonique inactif, la multitude des
dérivés actifs que l'on y trouve, et que d'autre part l'organisme animal
produit p. e. en y introduisant la benzine bromée inactive 5) l'acide
bromophénylmercapturique actif 6) lui aussi.

1) Berl. Ber. XV, 1505.
2) Berl. Ber. XVI, 1568.
3) Berl. Ber. XVI, 2721.
4) Berl. Ber. XVII, 388.
5) Zeitschr. f. physiol. Chem. V, 300.
6) Berl. Ber. XV, 1781.

Dédoublement à l'aide de composés actifs. C'est encore M. Pasteur qui observa chez les isomères à pouvoir rotatoire opposé une aptitude inégale à se combiner avec un corps actif, et des propriétés différentes dans les combinaisons obtenues d'une part et de l'autre, particularité sans doute en relation intime avec la conduite différente des organismes vis-à-vis les deux isomères actifs en sens opposés; en effet ces organismes aussi sont-ils formés en grande partie de composés optiquement actifs. Il en résulte p. e. qu'en évaporant une solution d'acide racémique, neutralisé par la cinchonicine active, on voit cristalliser d'abord l'acide tartrique gauche combiné à la base active, de sorte que l'acide droit isolé reste dans la dissolution.

Depuis lors cette méthode de dédoublement a reçu plus d'une application.

C'est d'abord M. Bremer qui s'en est servi pour dédoubler l'acide malique inactif, obtenu une fois 1) par la réduction de l'acide racémique et une autre 2) en hydratant l'acide fumarique. En ajoutant à la solution saturée du malate de cinchonine un fragment de ce même sel, provenant de l'acide malique gauche, il vit cristalliser au bout d'un certain temps le malate droit dans le premier, le malate gauche dans le second cas, tandis que l'acide malique actif en sens invers resta dissous.

C'est enfin M. Ladenburg qui réussit à dédoubler la coniine inactive 3) en ajoutant à la solution saturée de son bitartrate un fragment du sel correspondant de la coniine active. Les alcaloïdes, correspondant avec la coniine, mais contenant au lieu du radical propyle qui s'y présente le méthyle ou l'éthyle, en un mot la α-pipécoline et la α-éthylepipéridine inactives 4), furent dédoublées de même en traitant la solution saturée de leurs bitartrates avec un fragment du bitartrate de la coniine active.

---

1) Berl. Ber. XIII, 851.
2) Rec. des Trav. chim. des Pays-Bas, IV, 180.
3) Berl. Ber. XIX, 2578.
4) Berl. Ber. XIX, 2075.

Dédoublement spontané. Point de transition. Tandis que la première
méthode de dédoublement se base sur l'aptitude de l'organisme vital,
et que la deuxième s'y rattache encore parce que les composés actifs
dont elle se sert sont produits de l'organisme pour la majeure partie,
la méthode qui va être décrite permet d'agir en dehors de la vie; c'est
une méthode chimique tout pure isolant le composé actif sans inter-
vention de la nature vivante.

Cette troisième méthode fut découverte elle aussi par M. PASTEUR,
cette fois dans le fait de la cristallisation des deux tartrates à l'état
isolé, en partant d'une solution de racémate ammonico-sodique.
Quoiqu'elle n'ait pas été appliquée depuis dans la vue d'opérer des
dédoublements nouveaux, il y a un intérêt spécial à décrire les recherches qui ont fait connaître les phénomènes sur lesquels se base son
application.

En suivant sous ce rapport l'ordre historique il s'agit d'observer
que déjà M. STAEDEL 1) vit se déposer un racémate double de soude
et d'ammoniaque en évaporant la solution qui avait produit les deux
tartrates dans les mains de M. PASTEUR.

La contradiction apparente, introduite ainsi, fut enlevée par une
étude approfondie du racémate en question de la part de M. SCACCHI 2),
dont résulta qu'une température élevée pendant la cristallisation est
favorable à sa formation, tandis qu'à la température ordinaire il y a
de préférence production des deux tartrates.

Or M. WYROUBOFF 3) réussit à démontrer qu'il y a sous le rapport en question une parfaite netteté en opérant de manière à prévenir
toute saturation; dans ces conditions en effet il y a une température
limite bien marquée, située vers 28°, de sorte qu'en évaporant l'on
obtient le racémate ou les tartrates à mesure que la cristallisation se
produit au-dessus ou en-dessous de 28°.

---

1) Berl. Ber. XI, 1752.
2) Rendiconti dell' Academia di Napoli, 1865, 250.
3) Bull. de la Soc. chim. XLI, 210; XLV, 52. Comptes rend. CII, 627.

Les recherches enfin que j'ai exécutées moi-même en commun avec M. van Deventer 1) ont prouvé qu'il s'agit ici d'un phénomène particulier, capable de se produire aussi en dehors de la solution. Il consiste en ce que le mélange des tartrates chauffés au-dessus de 27° produit le racémate en perdant une partie de son eau de cristallisation, d'après l'équation suivante:

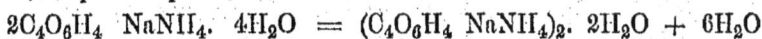

$$2C_4O_6H_4 \ NaNH_4. \ 4H_2O = (C_4O_6H_4 \ NaNH_4)_2. \ 2H_2O + 6H_2O$$

tandis qu'en-dessous de cette température le contraire arrive. La température citée correspond avec celle indiquée par M. Wyrouboff et la transformation observée donne par conséquent une interprétation évidente de ses observations. Voici du reste les phénomènes par lesquels la transformation en question se trahit:

1. En mélangeant au-dessous de 27° le racémate avec de l'eau dans la proportion indiquée ci-dessus, la masse pâteuse, obtenue d'abord, se prend peu à peu jusqu'à devenir dans sa totalité un mélange dur et absolument sec des deux tartrates.

2. Le mélange des deux tartrates en quantités égales chauffé en tube scellé au-dessus de 27°, se liquéfie peu à peu en partie par une perte partielle de l'eau de cristallisation et formation du racémate.

3. Il y a enfin la dilatation accompagnant la formation du racémate qui permet une étude détaillée du phénomène en question. Le dilatomètre, servant à cet effet, consistait dans un thermomètre gigantesque, le réservoir muni du mélange des deux tartrates et rompli ensuite d'huile, dont la hauteur dans le tige pouvait être lue sur un étalon. En chauffant ce dilatomètre pendant une intervalle suffisamment prolongée à des températures fixes on vit se produire entre 26°,7 et 27°,7 une dilatation lente mais prolongée et très-notable, accompagnée d'un changement profond dans le contenu du réservoir: liquéfaction partielle et formation du racémate en cristaux bien développés. En refroidissant le phénomène invers se produisit.

---

1) Zeitschr. f. physik. Chemie. I, 173.

L'intérêt qui s'attache à cette observation consiste en ce qu'elle place l'acte de dédoublement sur une même ligne avec des transformations analogues de corps inorganiques. C'est ainsi que p. e. la formation du sulfate double de magnésie et de soude, de l'astrakanite, à l'aide des deux sulfates, suivant l'équation que voici:

$$SO_4 Mg. 7H_2O + SO_4 Na_2. 10H_2O = (SO_4)_2 MgNa_2. 4H_2O + 13H_2O$$

se produit au-dessus de 21° tandis qu'en-dessous l'invers a lieu, le tout étant accompagné de phénomènes rappelant parfaitement le dédoublement décrit, comme résulte du travail détaillé, cité plus haut.

Or il y a un autre point de vue bien plus élevé encore qui permet d'entrevoir les relations qu'offre le dédoublement chimique avec un phénomène physique bien connu, savoir celui de la fusion et de la congélation. Rappelons que là aussi il s'agit d'une transformation mutuelle et totale de deux systèmes matériels à mesure que l'on franchit une limite fixe de température. Je renvoie pour les détails 1), en me bornant à citer ici que j'ai choisi, afin de rappeler l'analogie en question, l'expression „point de transition'' pour indiquer la température limite dans le cas chimique, correspondant au „point de fusion'' terme usité en physique.

Ajoutons enfin que les observations récentes de M. Wyrouboff 2) font prévoir l'existence d'un tel „point de transition'' chez d'autres racémates; ainsi p. e. une même solution dépose selon que la température soit au-dessous ou en-dessus de 3° les tartrates sodico-potassique ou le racémate correspondant. C'est ici, par conséquent, que le racémate serait dédoublé en le chauffant avec la quantité nécessaire d'eau de cristallisation.

---

1) Berl. Ber. XIX, 2142; Zeitschr. f. physik. Chem. I, 165, 227; Rec. des Trav. Chim. des Pays-Bas. VI, 80, 91, 137.

2) Ann. de Chim. et de Phys. (6) IX, 221.

QUATRIÈME PARTIE.

LES COMPOSÉS DU CARBONE NON-SATURÉS.

I. ÉNONCÉ DE L'IDÉE FONDAMENTALE.

Historique. Nous nous sommes bornés jusqu'ici à n'envisager que les composés contenant le carbone à liaison dite simple, les corps saturés en un mot; il y a lieu maintenant de fixer l'attention sur les corps non-saturés, parmi lesquels ceux qui contiennent ce qu'on appelle la liaison double du carbone joueront un rôle prépondérant. Il s'agit par conséquent d'une question plus compliquée qu'auparavant; en effet les composés saturés étant des dérivés du gaz des marais CH_4, tout y dépend de la position relative de cinq atomes, tandis que ce nombre revient à six chez les corps en question, ceux-ci dérivant de l'éthylène C_2H_4.

En concordance complète avec cette nature plus délicate du problème la solution en a été toujours moins avancée. Cela se traduit d'une part dans l'énoncé primitif de la conception fondamentale qui, arrondie et concordante pour le carbone asymétrique, offrait pour les corps non-saturés une certaine hésitation et une certaine divergence au début, comme on va le voir de suite. D'autre part la vérification expérimentale, ayant rencontré d'obstacles bien plus sérieux cette fois, l'on doit reconnaître que seulement les recherches encore toutes récentes de M. Wislicenus 1) ont pu apporter la solution définitive.

Pour entrer un peu en détail du côté historique dans l'énoncé primitif il s'agit d'observer que M. le Bel et moi nous avons envisagé le problème d'une manière un peu différente; tandis que M. le Bel 2) voulait attendre le résultat de recherches ultérieures pour décider si les quatre groupes unis aux carbones à liaison double sont ou non dans un même plan, ma manière de voir a conduit de suite 3) à admettre que ces quatre groupes le sont en effet. Or, quelques années plus tard, M. le Bel 4) en se basant sur le résultat des recherches de M.M. Kekulé et Anschütz, s'est prononcé dans le même sens, de sorte que, quoique nous y sommes arrivés par des voies différentes, nos conceptions ont fini pourtant par s'accorder de la manière la plus complète.

Position relative des groupes unis aux carbones doublement liés. L'application de la conception fondamentale, les quatre groupes unis au carbone occupant les sommets d'un tétraèdre, au problème des carbones doublement liés exige une notion précise concernant la nature de cette liaison. Nous admettons, sous ce rapport, que la position relative des deux tétraèdres combinés correspond à celle que nous avons supposée en cas de liaison simple, entendu toutefois que deux sommets de chacun des tétraèdres jouent maintenant le rôle réservé a un seul dans le cas précédent; ajoutons que, vue l'égalité des affinités du carbone, acceptée aujourd'hui par tout le monde, il est nécessaire d'admettre une parfaite identité dans le rôle joué par chacun des deux sommets du tétraèdre dans l'acte de combinaison.

Afin de construire le groupement qui résulte de cette manière de

1) Abhandl. der Königl. Sächs. Ges. 1887.
2) pg. 11.
3) pg. 15.
4) Bull. de la Soc. chim. XXXVII, 300.

voir nous allons chercher la position relative des tétraèdres, intermédiaire entre celles qui expriment la liaison simple dans le cas que l'un et que l'autre couple de sommets fonctionne dans la combinaison. Supposons à cet effet un composé CR_1R_2r CR_3R_4r et représentons-le de deux manières différentes, obtenues en réservant la même position au groupement CR_1R_2 mais en y attachant les groupes r et CR_3R_4r des deux manières différentes qu'indiquent les Fig. 11 a et b. En passant maintenant à la combinaison non-saturée CR_1R_2 CR_3R_4 il s'agit d'enlever les deux groupes r et de donner à CR_3R_4 une position intermédiaire entre celles occupées dans les deux cas décrits, position qui s'entrevoit facilement en réunissant les deux dans une seule figure (Fig. 12). En effet l'on est conduit alors à la position intermédiaire que représente la Fig. 13 où les groupes R_3 et R_4 sont situés avec R_1 et R_2 dans un même plan, par rapport auquel les deux positions représentées par la Fig. 12 sont symétriques.

Représentation graphique. L'état des choses, qui vient d'être décrit, peut être représenté d'une manière excessivement simple en se servant de la notation ordinaire $C(R_1R_2)$ $C(R_3R_4)$ mais en y donnant une signification réelle à l'ordre successif dans les groupes R_1R_2 et R_3R_4.

Prévision d'isomérie. A côté de la position relative des quatre groupes $R_1R_2R_3R_4$, qui vient d'être décrite, il y a une seconde qui satisfait également aux conditions posées et qui pourtant ne s'identifie pas avec la première; en un mot, les groupes R_1R_2 peuvent être situés dans le même plan que R_3R_4, liés chacun au même atome de carbone qu'auparavant, avec cette différence toutefois que R_1 se trouve vis-à-vis de R_4 et R_2 vis-à-vis de R_3, comme l'indique le symbole $C(R_1R_2)$ $C(R_4R_3)$.

Par conséquent il y a lieu de nouveau à prévoir une isomérie que les formules anciennes ne présumaient pas, et il est clair que cette isomérie se fait attendre également dans tous les cas où les deux groupes $R_1 R_2$ et $R_3 R_4$, unis au même atome de carbone, sont différents, n'importe du reste s'il y a égalité ou non entre ceux liés aux atomes différents, de sorte que le cas $CR_1 R_2$ $CR_1 R_2$ p. e. implique la même prévision d'isomérie.

II. VÉRIFICATION DE L'IDÉE FONDAMENTALE.

Caractère général de l'isomérie prévue dans le cas des carbones à liaison double. Il s'agit d'abord de relever la nature de l'isomérie en question, parce qu'il faut s'attendre sous ce rapport à une différence marquée en comparant l'isomérie nouvelle avec celle qui résulte de la présence du carbone asymétrique. En effet, d'après la conception décrite il n'y a ici ni dissymétrie ni énantiomorphie dans la structure atomique, de sorte qu'il n'y a pas lieu de présumer le pouvoir rotatoire, soit de signe contraire dans les deux cas, ni l'hémiédrie particulière dans la forme cristalline qui accompagne cette propriété optique; aussi, comme nous verrons, ces deux qualités font-elles défaut. Si ces traits distinctifs ne se présentent pas, il y a lieu en revanche de s'attendre à une différence assez profonde dans les autres propriétés des deux isomères. L'identité complète, qu'offraient sous ce rapport les composés actifs en sens opposé et qui était en pleine concordance avec l'égalité de toutes les dimensions qu'on supposait dans leurs molécules, par cette raison même sera défaut ici, où il y a lieu de présumer, d'une part, une différence dans les propriétés physiques en général, dans le point de fusion, dans le poids spécifique, dans la forme cristalline, dans la solubilité etc., comme d'autre part il y a lieu de s'attendre à une différence dans les propriétés chimiques, dans la stabilité, dans la chaleur de formation etc.

Observons que cette différence dans toutes les propriétés, quoique prévue par la théorie, explique en grande partie les obstacles qu'elle a eu à surmonter par rapport aux corps non-saturés. En effet, l'isomérie

accompagnant la présence du carbone asymétrique, échappait absolument
à toute interprétation par des formules de structure différentes et une
telle tentative portait dans elle-même son jugement. Ici, l'état des
choses est différent; la nature de l'isomérie en question n'exclue
pas du coup toute tentative d'interprétation par les formules de
structure anciennes. Aussi ces tentatives n'ont-elles pas fait défaut;
au contraire plusieurs chimistes se sont acharnés à défendre cette
position 1), jusqu'à ce que tantôt l'un tantôt l'autre 2), après
une étude approfondie des isomères en question, la jugeait intenable.
Tout récemment cet aveu s'est incorporé dans le terme *d'alloïsomérie*
que M. MICHAEL 2) a introduit pour dénoter l'isomérie inexplicable
qui accompagne en règle générale la formule $CR_1R_2 CR_3R_4$. Or de
là à l'interprétation si simple, présentée par nous, il n'y a qu'un
pas, facilité encore, sinon rendu nécessaire, par le travail cité de M.
WISLICENUS.

_____

Cas d'isomérie inexplicables, accompagnant la formule $CR_1R_2 CR_3R_4$.
Afin de faire ressortir les preuves nouvelles, qui ont été fournies en
faveur des vues développées depuis leur naissance nous signalerons
par un astéric (*) ces isoméries concluantes qui ont déjà fonctionné
dans notre liste primitive. Nous y joindrons, pour autant que l'étendue
du présent travail le permet, les raisons qui excluent l'interprétation
de l'isomérie citée par une différence dans la formule de constitution
selon l'acception ancienne, et, pour éviter toute partialité sous ce
rapport, nous renverrons autant que possible aux raisonnements pro-

_____

1) Voire les travaux de M. FITTIG et de ses élèves sur les acides non-
saturés; ERLENMEYER, Berl. Ber. XIX, 1036; ANSCHÜTZ, Ann. der Chem. und
Pharm. CCXXXIX, 164.

2) FRIEDRICH, Ann. der Chem. und Pharm. CCXIX, 362; BEILSTEIN, Berl.
Ber. XVII, 2262; MICHAEL, Berl. Ber. XIX, 1878, 1881; XX, 550 etc. (Berl.
Ber. XV, 16; Ann. der Chem. und Pharm. CXVIII, 249).

duits par autrui. Passons en revue les cas principaux, réunis dans quelques groupes:

A. *Dérivés des carbures d'hydrogène non-saturés.*

Éthylènes biiodés isomériques: CHJ CHJ, obtenus par M. SabaneJeff 1) en traitant l'acétylène par l'iode, et offrant une différence très-notable dans le poids spécifique, dans la volatilité et dans le point de fusion.

Propylènes monochlorés isomériques: CH_3 CH $CHCl$, obtenus par M. Wislicenus 2) en chauffant la solution aqueuse des acides $\alpha\beta$-dichlorbutyriques isomériques.

Pseudobutylènes bromés isomériques: CH_3 CBr $CHCH_3$, obtenus par M. Wislicenus 3).

Dibromures de crotonylène isomériques: $CHBr$ CBr CH_2 CH_3, obtenus par le même chimiste 3).

Tolanes bichlorées isomériques: C_6H_5 CCl CCl C_6H_5, obtenus l'un par M. Zinin 4) en traitant le tétrachlorure de tolane par le zinc, l'autre par M.M. Limpricht et Schwanert 5) en traitant la benzile par le pentachlorure de phosphore. Depuis plusieurs voies différentes ont été indiquées pour obtenir ces deux corps 6).

Tolanes bibromées isomériques: C_6H_5 CBr CBr C_6H_5, obtenus par M.M. Limpricht et Schwanert 5) en traitant la tolane par le brome.

B. *Acides monobasiques non-saturés et dérivés (Série acrylique).*

Acides β-bromacryliques isomériques: $CHBr$ CH CO_2H. Il est très-probable que les deux isomères prévus dans ce cas ont été obtenus

---

1) Ann. der Chemie und Pharm. CLXXVIII, 109.
2) Berl. Ber. XX, 1008.
3) Abhandl. der Kön. Sächs. Ges. 1887, 77.
4) Berl. Ber. IV, 283.
5) Berl. Ber. IV, 870; XII, 1074.
6) Berl. Ber. XII, 1071; XV, 808; XVII, 833, 1105.

l'un par la réduction de l'acide tribromolactique, l'autre en traitant l'acide propiolique par l'acide bromhydrique. C'est en effet un des cas que M. MICHAEL 1) renferme dans son groupe d'$_{''}$alloïsomères."

Acides β-iodacryliques isomériques: CHJ CH CO_2H. Il y a lieu de citer ces acides à côté des composés précédents, M. STOLZ 2) observa cette $_{''}$isomérie physique" dans le produit d'addition de l'acide propiolique à l'acide iodhydrique, produit qui se transforme en effet dans un isomère par chauffage de sa solution dans la ligroine.

Acides crotonique et isocrotonique: CH_3 CH CH CO_2H*. Aux preuves, qui forçaient déjà lors de l'ébauche de notre théorie à admettre une même constitution dans ces deux composés, est venu s'adjoindre depuis la découverte de l'acide vinylacétique 3) H_2C CH CH_2 CO_2H, qui s'est montré pleinement différent de l'acide isocrotonique, pour lequel cette dernière formule de constitution avait été proposée par détresse.

Acides β-chloro- et β-isochlorocrotonique: CH_3 CCl CH CO_2H*. Depuis que nous avons admis cette même constitution chez les acides de M. GEUTHER, cette supposition a été renforcée par les expériences de M. FRIEDRICH 4) et admise par M. MICHAEL 5).

Acides α-chloro- et α-isochlorocrotonique: CH_3 CH CCl CO_2H. C'est M. WISLICENUS 6) qui a obtenu ces isomères en traitant par la potasse les produits d'addition au chlore des acides isocrotonique et crotonique.

Acides α- et β-bromo- et isobromocrotonique. Il y a ici parfaitement le même état de choses que chez les produits chlorés. Depuis peu seulement M.M. MICHAEL et BROWNE 7) annoncèrent d'avoir obtenu

---

1) Berl. Ber. XIX, 1385.
2) Berl. Ber. XIX, 542.
3) Berl. Ber. XVI, 2592.
4) Ann. der Chemie und Pharm. CCXIX, 302.
5) Berl. Ber. XIX, 1884.
6) Berl. Ber. XX, 1008.
7) Berl. Ber. XIX, 1884.

deux acides isomères β de la constitution CH_3 CBr CH CO_2H; peu après 1) ils y ajoutèrent un troisième, répondant à la formule CH_3 CH CBr CO_2H et tout récemment un isomère de la même constitution fut obtenu par M. Langbein 2).

Acides β-thioéthyl- et thiophénylcrotoniques isomériques. En traitant les acides β-chloro- et β-isochlorocrotonique avec les mercaptanes sodés éthylique et phénylique deux couples d'isomères ont été obtenus 3) qui rentrent encore dans la catégorie en question.

Acides bromo- et isobromométhacrylique: $CHBr$ $C(CH_3)$ CO_2H. Ces deux acides ont été obtenus en traitant par la potasse les acides citra- et mésadibromopyrotartriques respectivement 4).

Acides triglique et angélique: CH_3 CH $C(CH_3)$ CO_2H. Ces composés, donnant par la réduction le même acide méthyléthylacétique 5) et des produits identiques par le traitement avec la potasse (acides acétique et propionique) et avec le permanganate 6) (aldéhyde et acide carbonique), se transformant du reste l'un dans l'autre par le chauffage, il y a tout lieu d'y admettre dans les deux cas la formule de constitution citée. Il en est de même pour les homologues supérieurs:

Les acides hydro- et isohydrosorbique 7): C_3H_7 $CHCH$ CO_2H.

Les acides hypogéique et gaïdique *: CH_3 $CHCH$ $(C_{13}H_{25}O_2)$.

Les acides oléïque et élaïdique *: CH_3 $CHCH$ $(C_{15}H_{29}O_2)$.

Les acides érucique et brassique *: CH_3 $CHCH$ $(C_{19}H_{37}O_2)$.

Ajoutons enfin que les deux lactones 8), obtenus en chauffant l'acide lévulique, rappellent et par leur mode de formation et par

1) Journ. f. pr. Chem. XXXV, 257.

2) Berl. Ber. XX, 1010.

3) Berl. Ber. XX, 1581.

4) Ann. der Chemie und Pharm. CCVI, 16.

5) Ann. der Chemie und Pharm. CCVIII, 249.

6) Berl. Ber. XVII, 2262.

7) Ann. der Chemie und Pharm. CC, 51; Berl. Ber. XV, 618.

8) Ann. der Chemie und Pharm. CCXXIX, 249.

lours propriétés tollement les acides maléïque et fumarique, qu'encore ici on est tenté d'admettre une même formule de constitution CH_3 C CH CH_2 CO et une origine analogue de l'isomérie observée.

—————O—————

B. *Acides monobosiques non-saturée et dérivés (Série cinnamique).*

Tandis que la théorie de constitution sans le développement que nous prenons en défense permet la prévision de deux *acides bromo-cinnamique* soulement, exprimés respectivement par les formules C_6H_5 CBr CH CO_2H et C_6H_5 CH CBr CO_2H il y a lieu de prévoir en admettant nos conceptions quatre isomères, chacune de ces formules en effet renfermant d'après nous deux possibilités différentes dans la position relative. Or tandis que deux isomères, obtenus par M. GLASER, étaient déjà connus lors de l'énoncé de la théorie présentée, les recherches ultérieures de M.M. ERLENMEYER et STOCKMEYER 1) et de M. MICHAEL 2) ont fait connaître les deux autres corps désirés.

L'isomère de l'*acide cinnamique* lui-même C_6H_5 CHCH CO_2H que notre théorie prévoit aussi parait avoir été obtenu tout récemment par M. MICHAEL 3) encore. Observons ici que le *dérivé nitré du styrolène* C_6H_5 CHCH NO_2, correspondant dans sa formule avec l'acide cinnamique et offrant aussi d'après nous la possibilité d'isomérie, se transforme en effet dans un produit isomérique 4) qui pourrait être le corps cherché.

Parmi les dérivés chlorés enfin il y a tout lieu de prétendre que deux *acides cinnamiques monochlorés* répondant également à la formule C_6H_5 CH CCl CO_2H ont été obtenus 5).

L'isomérie observée dans ces derniers temps chez les dérivés de l'*acide cumarique* C_6H_4 (OH) CH CH CO_2H reviennent selon toute

1) Berl. Ber. XIX, 1936.
2) Berl. Ber. XIX, 1378, 1381.
3) Journ. f. pr. Chemie. XXXV, 257.
4) Ann. der Chemie und Pharm. CCXXV, 340.
5) Berl. Ber. XV, 1946.

probabilité à une origine analogue. Rappelons sous ce rapport que les sels alcalins de cet acide, obtenus en traitant par la potasse p. e. la cumarine (lactone de l'acide cumarique), subissent par le chauffage une transformation isomérique en orthocumarates 1); tandis que l'acide, correspondant à ces derniers, produit à son tour par un traitement avec l'acide bromhydrique, l'acide cumarique et la cumarine primitifs.

Les *dérivés éthylés et méthylés de l'acide cumarique* enfin offrent les mêmes particularités 2). En traitant le cumarate sodique C_6H_4 (ONa) CH CH CO_2Na par l'iodure d'éthyle p. e. on obtient un produit isomérique de celui qui résulte du traitement de l'aldéhyde salicylique éthylée C_6H_4 (OC_2H_5) COH avec l'anhydride acétique; les deux répondant selon toute probabilité également à la formule C_6H_4 (OC_2H_5) CH CH CO_2H.

C. *Acides bibasiques non-saturés et dérivés.*

Les *acides fumarique et maléique* *: CO_2H CH CH CO_2H. La question d'isomérie dans ces acides a été traitée tant de fois que je crois pouvoir renvoyer ici aux exposés récents de M. WISLICENUS 3) et de moi-même 4) en prévenant toutefois qu'il y aura lieu dans la suite à relever encore quelques-uns des points de vue en question.

Les *dérivés halogénés mono- et bisubstitués des acides fumarique et maléique* paraissent offrir régulièrement toutes les particularités qu'on trouve chez les composés primitifs.

Les *acides citra- et mésaconique* * CH_3 C(CO_2H) CH CO_2H. L'état de choses est ici comme il l'était au début: impossibilité d'interpréter l'isomérie par une différence de constitution d'après les conceptions anciennes; produit identique dans l'électrolyse: CH_3 CH CH_2; produit

---

1) Ann. der Chemie und Pharm. XLV, 334; LIX, 188; CCXXVI, 351; Berl. Ber. XV, 2348.

2) Journ. of the Chem. Soc. 1877, 414 et 418; 1881, 442; Ann. der Chemie und Pharm. CCXVI, 142; CCXXVI, 353.

3) Abh. der Kön. Sächs. Ges, 1887, 27.

4) Études de dyn. chim. 97.

identique dans la réduction : CH_3 CH (CO_2H) CH_2 CO_2H; produits identiques dans la fusion avec la potasse; possibilité de transformation mutuelle. Ajoutons-y que les propriétés optiques ont conduit dans les deux cas à admettre la présence d'une liaison double des carbones [1].

Il y a à ajouter à cette série l'isomérie observée depuis peu dans les *acides diphénylefumarique et diphénylemaléique* [2].

Terminons cet aperçu par observer que la série des isoméries en question a été largement enrichie surtout grâce à des recherches toutes récentes, de sorte qu'il y a lieu d'attendre que sous peu elle égalisera celle qui a produit l'adoption presque générale de la conception du carbone asymétrique.

———————

Triple liaison des carbones. Le cas où il s'agit d'atomes de carbone triplement liés, en un mot où il s'agit des dérivés de l'acétylène HC CH, ne mérite qu'une attention passagère du point de vue nouveau, parce qu'il ne donne lieu à aucune divergence en comparaison avec les notions anciennes. En effet de la même manière dont on s'est construit le groupement des tétraèdres dans la double liaison, on parvient à celui que représente le cas en question : les trois sommets de chacun des deux tétraèdres seront combinés d'une manière absolument analogue et par conséquent les deux atomes de carbone se trouveront avec les deux groupes qui y sont encore attachés sur une ligne droite. Il n'y a aucun lieu alors de prévoir quelqu' isomérie spéciale.

———————

Série aromatique. Par rapport aux dérivés de la benzine la théorie exposée n'offre de point de vue nouveau si ce n'est dans la préférence qu'elle doit accorder à l'hexagone de M. Kekulé en la comparant

———————

1) Berl. Ber. XIV, 2742; XVI, 3047.
2) Berl. Ber. XV, 1025.

avec les conceptions qui admettent un groupement à trois dimensions
pour les six atomes combinés comme le fait p. e. le prisme triangulaire
équilatéral. En effet c'est seulement dans cette première supposition
que les groupes introduits au lieu de l'hydrogène de la benzine, chez
les benzines substitués par conséquent, ne peuvent donner lieu à aucune
dissymétrie dans la molécule, dissymétrie qui entraînerait le pouvoir
rotatoire; dans le prisme triangulaire p. e. cette symétrie disparaît
déjà en substituant deux atomes d'hydrogène situés en diagonale, chez
les ortho-substitués en un mot. Or parmi le grand nombre de dérivés
substitués de la benzine que nous offre la nature, comme p. e. l'aldéhyde
salicylique (ortho), il n'y en a aucun qui ait montré le pouvoir rotatoire.
Il y a plus M. LE BEL 1) a tenté en vain de dédoubler l'orthotoluidine,
de sorte qu'il y a tout lieu d'admettre l'absence de dissymétrie dans
ce cas encore.

Quant aux produits aromatiques que l'on peut regarder comme
dérivant par addition des précédents, comme p. e. l'essence de térébenthine, le camphre, le bornéol, le carvol, l'acide quinique etc. la
théorie exposée donne, sans rien y ajouter et en se basant sur l'hexagone
de M. KEKULÉ, une explication suffisante de l'isomérie et de l'activeté
optique que l'on y rencontre en appliquant le principe du carbone
asymétrique dans toute sa simplicité. C'est pour cela aussi que ces
composés ont été compris dans ce travail parmi les corps saturés 2).

Ajoutons que pour les dérivés pyridiques il y a lieu d'observer la
même chose que pour ceux de la benzine, là aussi le pouvoir rotatoire
faisant défaut; tandis que les produits d'addition dans cette première
série occupent, avec la coniine, en un mot avec les alcaloïdes actives,
une place à côté des produits d'addition dans la série aromatique. Chez
eux aussi notre théorie s'applique sans considérations supplémentaires
et déjà dans les chapitres précédents ils ont été cités à cet effet 3).

---

1) Bull. de la Soc. chim. XXXVIII, 98.
2) Voire la page 32.   3) Voire les pages 32 et 35.

CINQUIÈME PARTIE.

DÉVELOPPEMENT ULTÉRIEUR DE LA THÉORIE.

Depuis qu'en commençant ce travail il y avait lieu, dans la préface, de signaler une tendance manifeste de plus d'un côté à développer les conceptions primitives par l'introduction de conséquences nouvelles, un travail de M. WISLICENUS 1), paru pendant l'impression de ce qui précède, m'a conduit à vouer ce chapitre à l'exposition détaillée de ces développements. En effet, tandis que jusque-là les notions nouvellement introduites n'avaient servi que dans l'interprétation de phénomènes connus, elles sont devenues, dans les mains du chimiste cité, un moyen de prévoir des faits nouveaux, corroboré déjà par plusieurs observations.

Il y a lieu, d'autant plus, de réunir dans un chapitre spécial les notions nouvellement acquises, parce qu'elles mettent en lumière les propriétés chimiques, soit la formation et la transformation des isomères géométriques, tandis que les vues primitives n'avaient rapport qu'à leurs propriétés physiques et à leur nombre. Les conceptions fondamentales, introduites à cet effet, se résument dans la double considération, d'une part du mécanisme produisant l'addition chez les composés

---

1) Abhandl. der Kön. Sächs. Gesellsch. 1887.

organiques non-saturés, d'autre part de l'action mutuelle des groupes combinés au carbone.

I. MÉCANISME D'ADDITION CHEZ LES CORPS NON-SATURÉS.

Principe général. Énonçons, avant d'entrer dans les détails, le principe sur lequel se basent les notions à développer concernant le mécanisme d'addition, principe bien simple du reste et n'étant autre chose que celui sur lequel toute conception de mécanisme dans la transformation des corps organiques est fondée : la transformation se produit en laissant intact autant que possible la molécule qui la subit.

Transformation de la triple liaison dans la liaison double. Comme les deux tétraèdres, représentant la liaison triple du carbone, sont supposés joints dans trois couples de leurs sommets respectifs, et que dans la liaison double deux seulement de ces couples sont encore combinés, le principe énoncé exige que, dans la transformation par addition il n'y aura destruction que de la jonction d'un seul couple de sommets combinés, les deux autres restant intacts. Il en résulte qu'un composé R_1 CC R_2 en se combinant avec R_3R_4 et produisant p. e. R_1R_3 CC R_2R_4 donnera lieu à la formation de celui des deux isomères, possibles dans ce cas, qui est représenté par le symbole $C(R_1R_3)$ $C(R_2R_4)$, c'est-à-dire celui où les groupes R_1 et R_2 d'une part, R_3 et R_4 de l'autre, sont supposés vis-à-vis.

Citons comme exemple un cas que j'ai exposé précédemment 1) : L'acide acétylène-dicarbonique $C(CO_2H)$ CCO_2H produira en se combinant à l'acide chlorhydrique le composé $C(CO_2H.Cl)$ $C(CO_2H.H)$, correspondant comme on le verra à l'acide chlormaléïque, et non son isomère $C(CO_2H.Cl)$ $C(H.CO_2H)$.

---

1) Études de dyn. chim. pg. 100.

Transformation de la double liaison dans la liaison simple. Il y a des considérations absolument analogues à présenter ici, dont résulte que des deux couples de sommets que l'on suppose combinés dans la liaison dite double, un seulement se dédoublera dans l'acte d'addition, l'autre restant intact. Il s'agit d'en traduire la conséquence dans les symboles présentés, ce qui sera facilité par l'emploi de la projection exposée à pg. 53. Supposons que le composé $C(R_1R_2)$ $C(R_3R_4)$ ou ce qui revient au même $C(R_2R_1)$ $C(R_4R_3)$ se combine à r_5r_6, de sorte que r_5 se lie au groupement $C(R_1R_2)$, la transformation produira en tenant compte des conditions décrites 1):

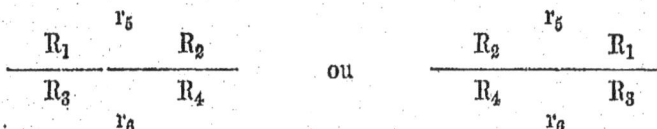

$$\begin{array}{cc} & r_5 \\ \underline{\hspace{1em} R_1 \hspace{3em} R_2 \hspace{1em}} \\ R_3 \hspace{3em} R_4 \\ r_6 \end{array} \quad \text{ou} \quad \begin{array}{cc} & r_5 \\ \underline{\hspace{1em} R_2 \hspace{3em} R_1 \hspace{1em}} \\ R_4 \hspace{3em} R_3 \\ r_6 \end{array}$$

c'est-à-dire deux molécules différentes $C(R_1r_5R_2)$ $C(R_3R_4r_6)$ et $C(R_2r_5R_1)$ $C(R_4R_3r_6)$ correspondant à des composés à pouvoir rotatoire de signe contraire. Or les deux transformations ayant une chance parfaitement égale à se produire, il y aura formation d'un mélange inactif.

Il reste encore à faciliter l'emploi de nos formules dans le cas décrit. Observons à cet effet que les deux isomères peuvent s'écrire de la manière suivante, par une transformation permise de la seconde notation: $C(R_1r_5R_2)$ $C(R_3R_4r_6)$ et $C(R_1R_2r_5)$ $C(R_3r_6R_4)$. Or alors leur dérivation, en partant de $C(R_1R_2)$ $C(R_3R_4)$, est simple: on a introduit entre et dernière les deux groupes R_1R_2 et R_3R_4 celui que l'addition y ajouta dans les deux cas, avec cette différence seulement qu'une fois R_1R_2 et l'autre fois R_3R_4 ont été séparés par l'interjonction. Ajoutons-y qu'en choisissant la formule $C(R_2R_1)$ $C(R_4R_3)$, identique à celle qui a servi, on arrive de cette manière aux combinaisons $C(R_2R_1r_5)$ $C(R_4r_6R_3)$ et $C(R_2r_5R_1)$ $C(R_4R_3r_6)$, mais ce couple est encore identique à celui qui a été obtenu précédemment.

Citons comme exemple un cas exposé précédemment 2): Les

---

1) Voire peut-être les Fig. 11b et 18.
2) Die Lagerung der Atome im Raume, p. 40.

acides fumarique et maléique dans leur combinaison à l'hydroxyle avec production de l'acide tartrique. La formule $C(H.CO_2H)$ $C(CO_2H.H)$, correspondant comme on le verra à l'acide fumarique, donnera lieu aux composés $C(H.OH.CO_2H)$ $C(CO_2H.H.OH)$ et $C(H.CO_2H.OH)$ $C(CO_2H.OH.H)$, c'est-à-dire à $C(H.OH.CO_2H)$ $C(H.OH.CO_2H)$ et $C(H.CO_2H.OH)$ $C(H.CO_2H.OH)$, mélange ou combinaison des acides tartriques actifs par conséquent. L'autre formule $C(H.CO_2H)$ $C(H.CO_2H)$ par contre conduit à $C(H.OH.CO_2H)$ $C(H.CO_2H.OH)$ et $C(H.CO_2H.OH)$ $C(H.OH.CO_2H)$, c'est-à-dire à deux composés identiques et inactifs par compensation, n'étant autre chose que l'acide tartrique inactif non-dédoublable.

Phénomène invers. Si, au contraire, un composé $C(R_1R_2R_3)$ $C(R_4R_5R_6)$ se transforme dans un corps non-saturé, soit par la perte des groupes R_3 et R_6, le mécanisme développé tantôt se produira encore cette fois, seulement en sens invers. Dans l'application il s'agit par conséquent de transformer la formule citée de manière à donner aux groupes à enlever les places convenables, respectivement entre et derrière ceux qui resteront intacts. On est conduit ainsi à $C(R_1R_2R_3)$ $C(R_5R_6R_4)$ ou $C(R_2R_3R_1)$ $C(R_4R_5R_6)$, dont résulte $C(R_1R_2)$ $C(R_5R_4)$ ou $C(R_2R_1)$ $C(R_4R_5)$ ce qui est la même chose.

Citons encore ici un cas que j'ai exposé précédemment 1), soit la perte de l'acide bromhydrique par l'acide isobromosuccinique $C(HBrCO_2H)$ $C(HCO_2HBr)$, correspondant comme on le verra à l'acide tartrique inactif. On obtient, en transformant, $C(CO_2H.HBr)$ $C(HCO_2HBr)$ et $C(CO_2H.Br)$ $C(HCO_2H)$, ce qui correspond à l'acide bromofumarique.

Possibilité des transformations intramoléculaires. Comme on sait, les raisonnements concernant le mécanisme de transformation en chimie organique, basés sur la stabilité de la molécule et exigeant par conséquent que la transformation a lieu en laissant intacte autant que possible la molécule qui la subit, ces raisonnements dis-je ne trouvent pas leur justification dans l'expérience sans exception aucune. Au

---

1) Études de dyn. chim. pg. 100.

contraire dans plus d'un cas la transformation ne produit pas le
composé de la constitution prévue par le principe en question et on
l'attribue au juste à une transformation intramoléculaire se produisant
pendant ou aussitôt après l'acte chimique. Il n'est pas superflu de
le rappeler ici où le même principe trouve une application nouvelle
et où il y a lieu par conséquent à s'attendre à des déviations du même
ordre, d'autant plus que la transformation mutuelle des isomères
géométriques se produit avec une facilité assez grande, comme il a
été exposé à la pg. 49. Ajoutons que d'autant moins élevée que soit
la température d'autant plus on éliminera ces actions perturbatrices,
comme l'expérience a prouvé que la chaleur est singulièrement favorable
aux transformations intramoléculaires, sans doute par l'accélération
qu'elle produit dans les mouvements atomiques.

II. ACTION MUTUELLE DES GROUPES COMBINÉS AU CARBONE.

Principe général. Il y a lieu encore ici d'insister sur ce que la
deuxième considération, introduite par M. WISLICENUS, se trouve
pleinement justifiée par son application fréquente dans d'autres directions.
En un mot, il ne peut y avoir de doute, tant du côté théorique que
du côté expérimental, sur la réalité de l'influence qu'exercent l'un sur
l'autre les différents groupes qui se trouvent combinés dans une
molécule; comme exemple citons l'influence que dans le groupe carboxyle
l'oxygène doublement lié au carbone exerce sur l'aptitude de l'hydroxyle
à échanger son hydrogène pour un métal. Que cette influence sera
intimément liée à l'action chimique du groupe ou des atomes en
question cela est probable déjà en considérant seulement la petitesse
de la distance, limitée comme elle l'est par les dimensions de la molécule
même, dont il s'agit; du reste cela se traduit assez clairement dans
l'exemple choisi où l'on voit l'oxygène, en vertu de son affinité pour
les métaux, favoriser leur entrée dans la molécule où il se trouve.

Ajoutons enfin que la grandeur de cette action dépendra comme toute force de la distance qui sépare les deux groupes, en diminuant si celle-ci augmente; c'est ainsi, pour rester auprès de l'exemple choisi, que l'oxygène dans une molécule organique contenant l'hydroxyle, n'influe pas sur ce dernier d'une manière aussi frappante que dans le groupe carboxyle, lorsque ce n'est pas au même atome de carbone que l'oxygène et l'hydroxyle sont combinés.

Il est naturel de vouloir appliquer ces principes, en vue des notions assez précises que la théorie exposée introduit concernant la distance des différents groupes combinés dans une molécule organique. Examinons successivement les différents points de vue qui ont été mis en lumière sous ce rapport.

Prévision de la position relative des six groupes combinés à deux atomes de carbone simplement liés. Comme il résulte de la pg. 53 le groupement représentant une combinaison de la formule $C(R_1R_2R_3)$ $C(R_4R_5R_6)$ n'est fixé par notre théorie dans sa forme primitive que pour autant que les deux atomes de carbone doivent occuper chacun un des sommets du tétraèdre représentant la position relative des groupes combinés à l'autre. Cela posé une rotation de l'un des tétraèdres autour de l'axe qui relie les deux carbones est encore permise, laissant ainsi ouverte la possibilité d'une série illimitée de positions relatives différentes. Or M. WISLICENUS observe que cette position étant dominée par l'action mutuelle des groupes $R_1R_2R_3$ d'une part sur $R_4R_5R_6$ de l'autre, il est possible, dans bon nombre de cas, de la déterminer. Pour rester auprès d'un exemple, le chimiste cité choisit parmi les groupements différents qu'on peut supposer dans l'acide malique et dont on en a représenté trois par les symboles suivants:

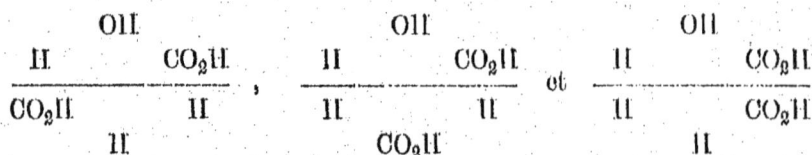

$$
\begin{array}{ccccc}
 & \mathrm{OH} & & \mathrm{OH} & & \mathrm{OH} \\
\mathrm{H} \quad\quad \mathrm{CO_2H} & , & \mathrm{H} \quad\quad \mathrm{CO_2H} & \text{et} & \mathrm{H} \quad\quad \mathrm{CO_2H} \\
\hline
\mathrm{CO_2H} \quad\quad \mathrm{H} & & \mathrm{H} \quad\quad \mathrm{H} & & \mathrm{H} \quad\quad \mathrm{CO_2H} \\
 & \mathrm{H} & & \mathrm{CO_2H} & & \mathrm{H}
\end{array}
$$

Il accorde la préférence à celui qui a été cité d'abord, où les groupes négatifs (OH,CO$_2$H) sont rapprochés autant que possible des atomes d'hydrogène positifs.

L'on peut faire entrer cette notion dans nos symboles simplifiés en y supposant vis-à-vis les groupes placés en première ligne auprès du carbone; les positions différentes citées s'expriment alors par C(H.OH.CO$_2$H) C(CO$_2$H.H$_2$), C(H.OH.CO$_2$H) C(H$_2$CO$_2$H$_2$) et C(H.OH.CO$_2$H) C(H.CO$_2$H.H), la première correspondant à l'acide malique. Observons toutefois que dans plusieurs cas, comme dans un composé CHCl$_2$.CHCl$_2$, il faut s'attendre à une position intermédiaire entre les trois qui ont été présentés.

Ajoutons, avec M. WISLICENUS, que les mouvements atomiques doivent introduire des variations dans l'état de choses décrit. En effet, toute notre théorie, faisant abstraction de ce mouvement, ne saurait représenter la réalité que comme celle-ci serait au zéro absolu. Observons donc, du point de vue pratique, qu'à mesure que la température s'élève l'état de choses dans l'acide malique différera d'une manière plus notable de celui que nous y avons admis et que probablement à une température suffisamment élevée toutes les positions relatives des groupes R$_1$R$_2$R$_3$ par rapport à R$_4$R$_5$R$_6$ se trouveront réalisées pendant des intervalles sensiblement égaux.

Il reste à ajouter que, lors de la formation d'un composé non-saturé, la position relative des six groupes se décide d'après le principe exposé à la pg. 85, en raison de la proximité nécessaire de ces deux groupes dont l'action simultanée produit la transformation.

Stabilité relative des deux composés isomères C(R$_1$R$_2$) C(R$_3$R$_4$) *et* C(R$_1$R$_2$) C(R$_4$R$_3$). Aussi bien que notre théorie explique l'égalité parfaite dans la stabilité des isomères à pouvoir rotatoire opposé par l'identité absolue de toutes les dimensions qu'on suppose dans les deux molécules, elle doit s'attendre à une différence marquée sous ce rapport dans les isomères non-saturés parce qu'elle y suppose aussi une diversité dans les dimensions en question. Dans le cas cité en tête p. e. on admet dans l'un des isomères que les deux couples de groupes R$_1$R$_3$ et R$_2$R$_4$ se trouvent rapprochés, tandis que dans l'autre cela arrive pour les couples R_1R_4 et R_2R_3. Aussi, en concordance complète avec cette prévision on voit, tandis que la transformation des isomères actifs est limitée par la présence du mélange inactif en vertu de cette stabilité égale dans les deux composés, la transformation totale se produire là où il s'agit des isomères non-saturés. Or la nature des groupes $R_1R_2R_3R_4$ dominant cette stabilité il y a lieu, dans quelques cas du moins, de prévoir lequel des deux isomères tendra à se transformer dans l'autre, à des températures peu élevées toujours, car encore ici la chaleur jouera probablement un rôle perturbant, s'opposant comme elle le fait à l'expression nette de l'affinité chimique.

Pour rester auprès de l'exemple des acides fumarique et maléique répondant aux formules $C(H.CO_2H)$ $C(CO_2H.H)$ et $C(H.CO_2H)$ $C(H.CO_2H)$ il y a lieu de s'attendre à une stabilité supérieure accompagnant la première des formules où les groupes carboxyles négatifs sont rapprochés autant que possible de l'hydrogène positif, stabilité supérieure que l'on trouve chez l'acide fumarique.

Aptitude différente des isomères $C(R_1R_2)$ $C(R_3R_4)$ *et* $C(R_1R_2)$ $C(R_4R_3)$ *à des transformations spéciales.* La différence supposée dans les isomères en question s'exprime non-seulement dans leurs transformations mutuelles mais encore dans celles qui ont lieu dans une direction différente. Sous ce rapport il y a lieu de s'attendre, s'il s'agit d'une transformation où l'action simultanée des deux groupes R_1 et R_3 jouera un rôle, à une aptitude supérieure chez celui des deux isomères qui contient ces groupes à moindre distance, par conséquent chez le composé $C(R_1R_2)$ $C(R_3R_4)$.

Pour rester auprès d'un exemple, nous avons appliqué ce principe [1] en admettant que l'acide maléique, en vertu de la facilité avec laquelle il perd de l'eau, contient les groupes carboxyles, dont l'action mutuelle la produit, plus rapprochés l'un de l'autre que l'acide fumarique. Ce raisonnement conduit donc encore une fois à

---

1) Die Lagerung der Atome im Raume, p. 40.

admettre la formule $C(H,CO_2H)$ $C(H,CO_2H)$ pour le premier de ces isomères.

III. APPLICATIONS ET VÉRIFICATIONS.

Transformation des isomères non-saturés facilitée par la présence de corps capables de produire l'addition. Pour commencer par une propriété générale, signalons l'observation faite chez les acides maléique et fumarique d'abord et ensuite dans tout cas d'isomérie analogue que la formation du composé à stabilité supérieure, de l'acide fumarique dans l'exemple choisi, est favorisée d'une manière souvent frappante par la présence de quantités quelquefois minimales de corps capables de produire l'addition. C'est ainsi p. e. que j'ai observé qu'une trace de brome jointe à l'action des rayons solaires produit la transformation de l'acide maléique en fumarique avec une telle netteté et promptitude qu'il a été possible d'obtenir des photographies bien définies, formées par un dépôt d'acide fumarique dans une couche mince de la solution saturée d'acide maléique là où cette couche avait été exposée pendant quelques secondes à la lumière en présence d'une trace de vapeur de brome. C'est ainsi que l'iode en quantité minimale transforme les éthers maléiques 1), tandis que les acides agissent d'une manière analogue 2); enfin l'action de l'acide nitreux sur l'acide oléique en le transformant en acide élaïdique parait du même ordre.

Ces phénomènes sont en pleine concordance avec l'analogie dans le mécanisme que nous supposons, d'une part dans la transformation dont il s'agit, d'autre part dans l'addition. Rappelons que cette transformation en effet revient à la rotation de l'un des tétraèdres combinés autour de l'axe reliant les carbones, de sorte qu'il y a séparation, puis échangement, des quatre sommets accouplés; or l'addition se

---

1) Anschütz, Berl. Ber. XII, 2282.
2) Kekulé, Ann. der Chemie und Pharm. I, 134; COXXIII, 186.

produisant aussi par la séparation de deux sommets accouplés et même pouvant agir également des deux côtés de la molécule en vertu de sa symétrie, il y a lieu de voir dans sa première phase, c'est-à-dire encore avant que le produit d'addition soit formé, un changement qui s'assimile à l'ébauche de la transformation isomérique dont il s'agit.

Aptitude à l'addition dans l'isomère non-saturé à stabilité inférieure. Il y a une seconde observation de nature générale à ajouter. De même que l'analogie dans le mécanisme de la transformation isomérique et de l'addition à leur début conduit à la provocation de la première par la présence des corps capables à produire l'addition, de même cette tendance à la transformation sera t-elle favorable à la saturation. Ceci paraît d'ailleurs en effet la règle générale: c'est ainsi p. e. qu'on comparant la vitesse d'addition au brome chez les acides fumarique et maléique dans des circonstances parfaitement identiques, soit dans des solutions aqueuses à concentration égale, on voit une vitesse supérieure chez l'acide maléique 1) qui présente, comme on sait, une stabilité inférieure.

Transformation des isomères non-saturés produits par l'addition au brome et enlèvement de l'acide bromhydrique. Il s'agit d'une troisième propriété générale, bien plus frappante cette fois parce qu'on ne s'y attendrait du tout sans avoir recours aux notions développées. L'observation paraît générale, mais, pour la décrire dans un exemple, rappelons que l'acide maléique, après addition au brome et soustraction ensuite de l'acide bromhydrique, se trouve transformé non dans le produit de substitution bromée de l'acide maléique, mais dans l'acide fumarique bromé, de même qu'en partant de l'acide fumarique on obtient par cette voie le produit de substitution de son isomère 2).

Cette transformation, qui paraît devenir dans ces derniers temps une mode prodigieuse d'obtenir les isomères inconnus que prévoit notre théorie, s'explique parfaitement dans la lumière des développements

---

1) Études de dyn. chim. 103.

2) Ann. der Chemie und Pharm. Suppl. II, 92; CXXX, 1; CXCV, 62.

qui y ont été ajoutés. En envisageant, afin de le démontror, le cas général d'un composé C(R_1H) C(R_2R_3), on le verra se transformer, non dans le produit de substitutition C(R_1Br) C(R_2R_3) mais dans son isomère C(BrR_1) C(R_2R_3). En effet l'addition au brome produira C(R_1HBr) C(R_2BrR_3) et C(R_1BrH) C(R_2R_3Br) ou, ce qui revient au même, C(BrR_1H) C(R_2BrR_3) et C(BrHR_1) C(R_2R_3Br); or, en enlevant l'acide bromhydrique, conformément au principe exposé plus haut, on arrive dans les deux cas également au composé C(BrR_1) C(R_2R_3).

Ajoutons que c'est ainsi que l'acide maléique produit, par le traitement décrit, d'abord l'acide bromofumarique ensuite l'acide dibromomaléique; tandis que de son côté l'acide fumarique donne lieu, d'abord à l'acide bromomaléique, ensuite à l'acide dibromofumarique. Même chose dans la série crotonique, où le produit d'addition au chlore donne lieu, après un traitement par la potasse, à l'acide isocrotonique chloré, tandis que ce composé produit dans ces mêmes circonstances l'acide chlorocrotonique 1).

Formation et transformation des acides fumarique et maléique. L'interprétation de l'isomérie de ces acides a été un sujet favori d'étude depuis que les recherches de cet ordre ont été intimément liées aux progrès de la chimie organique en général. Aussi les tentatives les plus diverses n'ont pas manqué en vue de la résolution du problème; rappelons-les en peu de mots avec le succès qu'elles ont eu pour autant que l'on peut en juger aujourd'hui.

L'interprétation qui admet chez l'acide fumarique un état polymère n'a pas été favorisée par le résultat de la détermination de densité des dérivés fumariques à l'état de vapeur. Aussi peut-on dire qu'elle a reçu sa dernière forme dans la supposition de M. ANSCHÜTZ 2) que

---

1) WISLICENUS, Abh. der Kön. Sächs. Ges. 1887, 43, 44.
2) Berl. Ber. XVIII, 1894.

l'acide en question se composerait de deux isomères à pouvoir rotatoire opposé et égal, supposition qui a été délaissée par l'auteur même 1) en vertu de l'impossibilité du dédoublement.

L'interprétation de M.M. Kolbe-Fittig, admettant dans l'acide maléique un atome de carbone biatomique, comme indique la formule $CO_2H\ CH_2\ CCO_2H$, conduit à prévoir une isomérie analogue dans tout dérivé de l'éthylène et dans ce carbure lui-même aussi; or la liste des 30 isomères qui déjà aujourd'hui rentrent dans cette catégorie et qui tous offrent la particularité d'avoir les carbones non-saturés combinés à deux groupes différents, rend peu probable la conclusion générale à laquelle conduit l'interprétation citée. D'autre part en la suivant dans ses détails elle n'éclairoit que la possibilité du nombre de deux isomères et parmi les disciples mêmes de M. Fittig la supposition du maître ne paraît plus debout.

L'interprétation récente de M. Anschütz 1), qui admet pour l'acide maléique la formule $.C(OH)_2\ CHCHCO_2.$, paraît trouver un obstacle du côté opposé, comme elle restreint aux acides l'isomérie en question qui pourtant a été observée jusqu'à ce jour chez 6 composés non-acides au moins; en outre une telle isomérie pourrait se retrouver tout aussi bien, si là était son origine, chez les acides saturés.

Vient enfin le point de vue ouvert par M. Michael 2) inattaquable parce qu'il n'offre que l'expression des phénomènes observés: selon l'auteur il s'agit en effet dans le cas des acides en question d'une „alloïsomérie", c'est à dire d'une isomérie que les formules ordinaires ne sauraient interpréter et qui se présente constamment chez les corps non-saturés si les atomes de carbone à liaison double sont combinés à des groupes différents. Espérons que ce point de vue impartial s'assimilera au nôtre lorsque son auteur aura jugé les vérifications

---

1) Ann. der Chemie und Pharm. CCXXXIX, 164.
2) Berl. Ber. XIX, 1878, 1881; XX, 530.

suivantes que reçoit notre théorie, non seulement dans l'existence, mais encore dans les propriétés chimiques des isomères en question.

En effet, en admettant pour les acides fumarique et maléique les formules $C(H.CO_2H) C(CO_2H.H)$ et $C(H.CO_2H) C(H.CO_2H)$ respectivement, et en appliquant les principes exposés plus haut, il y a une foule de particularités dans la transformation et la formation de ces composés qui reçoivent une explication facile et inattendue:

1. La *stabilité supérieure de l'acide fumarique*, c'est-à-dire sa formation facile en partant de son isomère est en pleine concordance avec la proximité qu'on y suppose dans les groupes négatifs (CO_2H) et positifs (H). Que les éléments halogènes et leurs combinaisons hydrogénés, en un mot que les corps capables de produire l'addition, sont favorables à la transformation citée cela résulte des développements de la page 90. Ajoutons que *l'aptitude à l'addition supérieure dans l'acide maléique* étant d'après ces développements mêmes en relation intime avec la moindre stabilité de cet acide, nos conceptions permettent d'entrevoir cette particularité encore.

2. La *formation facile de l'anhydride maléique*, en contraste singulier avec l'impossibilité d'une transformation analogue chez l'acide fumarique, est en pleine concordance avec la proximité des groupes carboxyle dans le premier cas. Ajoutons-y que la *vitesse énorme dans l'éthérification de l'acide maléique* 1) résultant, comme nous l'avons démontré, de la formation préalable de l'anhydride 2), trouve ainsi une interprétation toute naturelle en admettant nos conceptions.

3. La *formation de l'acide maléique en partant de chaînons fermés du carbone* est encore une particularité curieuse qui s'explique maintenant. Rappelons qu'en partant de la benzine on obtient l'acide maléique 3) par un traitement avec l'acide chloreux (produisant l'acide

1) MENSCHUTKIN. Berl. Ber. XIV, 2630.

2) Études de dyn. chim. 104.

3) CARIUS. Ann. der Chemie und Pharm. CXLIX, 279; KEKULÉ. Ann. der Chemie und Pharm. CCXXIII, 170.

trichlorphénomalique), suivi d'un traitement avec la potasse; tandis qu'on décomposant les acides cincomérique et pyromucique on rentre dans les dérivés maléiques encore 1). Or dans les trois cas il s'agit d'un composé à chaînon de carbone, dit formé, où en effet l'on admet un groupement des atomes analogue à celui que nous supposons dans l'acide maléique, mais bien différent de celui que présente son isomère.

4. La *production exclusive de l'acide fumarique en chauffant l'acide malique à des températures peu élevées* (150°) 2) se faisait attendre d'après ce qui précède; en effet, d'après les principes posés, la constitution de l'acide malique se traduit par la formule $C(CO_2H.OH.H)$ $C(H.CO_2H.H)$ où les groupes négatifs $(CO_2H$ et $OH)$ sont supposés vis-à-vis des groupes positifs (H); or en éliminant l'eau de la manière prescrite à la pg. 85, on obtient $C(CO_2H.H)$ $C(H.CO_2H)$, c'est-à-dire l'acide fumarique. Ajoutons, qu'aussitôt que l'on part de l'anhydride malique ou des anhydrides succiniques correspondants 3), introduisant par là le rapprochement des groupes carboxyles qu'exprime la formule $C(CO_2.OH.H)$ $C(CO.H_2)$, on est conduit au composé $C(CO_2.H)$ $C(CO.H)$, c'est-à-dire à l'anhydride maléique, qui se produit en effet dans ces circonstances, en surchauffant p. e. l'acide malique ou en le chauffant en présence du chlorure d'acétyle 4).

5. Rappelons ensuite que la *transformation inattendue de l'acide maléique en bromofumarique et de l'acide fumarique en bromomaléique*, si l'on enlève l'acide bromhydrique aux produits d'addition au brome, est nécessaire d'après les développements de la pg. 91.

6. Ajoutons-y qu'absolument conforme à ces prévisions *l'acide fumarique bromé produit avec l'acide bromhydrique l'acide isodibromo-succinique qui résulte aussi en traitant l'acide maléique par le brome* 5).

1) Berl. Ber. XIII, 784 et Ann. der Chemie und Pharm. CXXXIV, 86.
2) WISLICENUS. Abh. der Kön. Sächs. Ges. 1887, 28.
3) Berl. Ber. XV, 643.
4) Berl. Ber. XIV, 2791.
5) Ann. der Chemie und Pharm. CXCV, 67.

En effet l'acide bromofumarique $C(Br.CO_2H)$ $C(CO_2H.H)$, en se combinant avec l'acide bromhydrique, produira $C(Br.H.CO_2H)$ $C(CO_2H.H.Br)$ et $C(Br.CO_2H.H)$ $C(CO_2H.Br.H)$, ce qui revient au même composé $C(CO_2H.Br.H)$ $C(CO_2H.H.Br)$; mais, on le voit, c'est l'acide qui résultera aussi de l'acide maléique $C(CO_2H.H)$ $C(CO_2H.H)$ par addition au brome. C'est ainsi encore que s'explique la production du même acide dibromosuccinique, isomère du précédent, en traitant les acides fumarique et bromomaléique par le brome et l'acide bromhydrique respectivement 1).

7. La *formation des acides tartrique inactif et racémique par addition de l'hydroxyle aux acides maléique et fumarique respectivement* résulte encore de notre manière de voir. En effet l'acide maléique $C(CO_2H.H)$ $C(CO_2H.H)$ devra produire dans ces circonstances $C(CO_2H.OH.H)$ $C(CO_2H.H.OH)$ et $C(CO_2H.H.OH)$ $C(CO_2H.OH.H)$, ce qui revient à la même chose, n'étant autre que l'acide tartrique inactif non-dédoublable. Par contre l'acide fumarique $C(CO_2H.H)$ $C(H.CO_2H)$ conduira à la formation de $C(CO_2H.OH.H)$ $C(H.CO_2H.OH)$ et $C(CO_2H.H.OH)$ $C(H.OH.CO_2H)$, ce qui revient à $C(CO_2H.OH.H)$ $C(CO_2H.OH.H)$ et $C(CO_2H.H.OH)$ $C(CO_2H.H.OH)$, n'étant autre chose qui l'acide racémique. En pleine concordance avec ces prévisions, l'oxydation des acides maléique et fumarique par le permanganate en solution aqueuse produit en effet les composés prévus 2).

8. Il y a enfin une véritable justification à apporter que l'on doit à M. Wislicenus 3). Il était à prévoir que l'addition au brome

---

1) Ann. der Chemie und Pharm. CXCV, 67.

2) Berl. Ber. XIII, 2150; XIV, 713. Observons que les acides dibromo- et isodibromosuccinique, correspondant aux acides fumarique et maléique (Berl. Ber. XV, 1848), se transforment dans les circonstances, décrites par M. Anschütz (Ann. der Chemie und Pharm. CCXXVI, 191), en acides tartriques inactif et racémique respectivement. Il y a lieu de supposer ici une transformation intramoléculaire, dont il me paraît que la théorie exposée pourrait rendre compte.

3) Abhandl. der Kön. Sächs. Ges. 1887, 37.

do l'acide acétylène-dicarbonique $C(CO_2H)$ $C(CO_2H)$ produirait $C(CO_2H.Br)$ $C(CO_2H.Br)$, c'est-à-dire l'acide dibromomaléique; or M. Bandrowski avait fait connaître l'acide dibromofumarique comme résultant de cette réaction 1). Guidé par les vues développées c'est M. Wislicenus qui reprit ces recherches et en effet put-il constater dans l'acide dibromomaléique le produit primaire de la transformation citée; soulement il observa que si l'on n'a pas soin d'écarter l'action de l'acide bromhydrique, formé par réaction secondaire, il y a transformation ultérieure dans l'acide dibromofumarique, accusé par M. Bandrowski.

En vue de cette rectification il ne parait par prématuré de voir dans l'acide chlorofumarique, obtenu d'une part en traitant l'acide tartrique 2) par le pentachlorure de phosphore, et d'autre part en traitant l'acide acétylène-dicarbonique par l'acide chlorhydrique 3), des produits de transformations isomériques secondaires; en effet dans les deux cas il y a lieu de s'attendre à l'acide chloromaléique.

Transformations observées chez d'autres composés. En parcourant les autres cas d'isomérie appartenant à la même catégorie que celui des acides fumarique et maléique on rencontre partout des particularités, au premier abord curieuses, qui après réflection, rentrent comme conséquences dans la théorie exposée. C'est M. Wislicenus qui y fixa l'attention; rappelons comme telles les observations suivantes:

1. La *différence des stilbènes chlorées obtenues, une fois en traitant par le zinc le tétrachlorure de tolane* 4), *une autre en combinant la tolane au chlore* 5) aurait pu être prévue; en effet d'après ce qui précède, le tétrachlorure de tolane répond, au moment qu'il perd le

---

1) Berl. Ber. XII, 2212.

2) Journ. f. pr. Ch. XXXI, 33.

3) Berl. Ber. XV, 2694. Ann. der Chemie und Pharm. CXCV, 63.

4) Berl. Ber. IV, 288.

5) Berl. Ber. XVII, 1974.

chloro, à la formule $C(C_6H_5.Cl.Cl)$ $C(Cl.C_6H_5.Cl)$ où deux atomes de chloro, qui seront enlevés, sont supposés vis-à-vis, tandis que les autres atomes sont rapprochés autant que possible des groupes phényle; l'action du zinc conduit par conséquent à $C(C_6H_5.Cl)$ $C(Cl.C_6H_5)$. La tolane $C(C_6H_5)$ $C(C_6H_5)$ au contraire produira l'isomère $C(C_6H_5.Cl)$ $C(C_6H_5.Cl)$ par addition au chlore.

2. *L'aptitude différente des acides chlorocrotoniques isomères* $C(Cl.CH_3)$ $C(CO_2H.H)$ *et* $C(CH_3.Cl)$ $C(CO_2H.H)$ *à perdre l'acide chlorhydrique* 1) s'explique parfaitement par la proximité du chlore et de l'hydrogène dans le second de ces deux cas; or en complète concordance avec cette interprétation, c'est aussi ce composé perdant facilement l'acide chlor-hydrique qui résulte de l'action du dernier sur l'acide tétrolique $C(CH_3)$ $C(CO_2H)$ 2); en effet, il y a lieu de s'attendre dans ce cas à un composé répondant à $C(CH_3.Cl)$ $C(CO_2H.H)$.

3. Chez les *acides coumarique et orthocoumarique* enfin, répondant aux formules $C(C_6H_4OH.H)$ $C(CO_2H.H)$ et $C(C_6H_4OH.H)$ $C(H.CO_2H)$, l'aptitude spéciale de l'un des deux à former la coumarine, son an-hydride, est en concordance complète avec la proximité des groupes C_6H_4OH et CO_2H que nous supposons dans l'une des constitutions indiquées. Or dès lors il est à prévoir que l'acide coumarique, qui, dans cette supposition, contient les groupes négatifs (C_6H_4OH et CO_2H) et positifs (H) moins rapprochés que son isomère, sera aussi moins stable, en un mot tendra à se transformer dans l'acide orthocoumarique; c'est en effet ce que l'expérience a appris dans le chauffage des coumarates qui produit la transformation prévue 3). Observons qu'il y a ici, tant du côté expérimental que du côté théorique, un rapprochement marqué en comparant ce cas avec celui des acides maléïque et fumarique; là aussi l'aptitude à la déshydratation accompagne la stabilité inférieure et, selon nous, par des raisons absolument analogues.

---

1) Ann. der Chemie und Pharm. CCXIX, 341-349.

2) WISLICENUS. l. c. 48.

3) Ann. der Chemie und Pharm. XLV, 534.

IV. APPENDICE. CHAINONS FERMÉS DU CARBONE.

Il y a plusieurs années déjà que M. V. Meyer 1), en résumant les propriétés générales des dérivés du carbone, fixa l'attention sur l'aptitude frappante de cet élément à produire des chaînons fermés à six atomes, comme on les trouve dans tout corps aromatique, et sur la stabilité extrême de tels composés, d'autant plus remarquable en vue de la difficulté d'obtenir des corps contenant p. e. des chaînons fermés du carbone à trois atomes, ceux-là n'étant pas même connus alors. Le chimiste cité insista à raison sur ce qu'une telle propriété fondamentale doit émaner de notions plus précises sur la structure des composés organiques.

J'avais saisi cette occasion pour indiquer 2) que la conception nouvelle du groupement tétraédrique était capable d'expliquer, jusqu'à un certain degré du moins, la particularité décrite. Toutefois ces considérations n'ont pas tiré l'attention et il n'y aurait aucune raison de les reproduire ici dans leur état d'ébauche, n'était-ce que, dans ces derniers temps, M.M. Baeyer 3), Wunderlich 4) et Wislicenus 5), chacun de son point de vue spécial, avaient développé des conceptions absolument analogues. Dès lors il y a lieu de les résumer ici. Ce n'est pas d'une théorie arrondie, qui prévoit, dont il devra s'agir; ce seront quelques propriétés remarquables qui iront recevoir du moins quelque lumière et par là peut-être provoquer des réflections plus satisfaisantes.

Les observations différentes, qui ont donné lieu à des considérations analogues de la part des chimistes cités, présentent en effet un trait commun qu'il s'agit de relever d'abord: Les composés, contenant le

---

1) Ann. der Chemie und Pharm. CLXXX, 192.
2) Maandblad voor Natuurwetenschappen. VI, 150.
3) Berl. Ber. XVIII, 2278.
4) Configuration organischer Moleküle. Würzburg 1886.
5) Abh. der Kön. Sächs. Ges. 1887, 57.

carbone à chaînon de plusieurs atomes combinés, sont capables souvent de transformations inattendues, résultant d'une préférence pour l'action mutuelle dans les groupes éloignés. Pour rester auprès d'un exemple, observons que, parmi les acides oxybutyriques, c'est justement celui où les groupes carboxyle et hydroxyle sont apparamment les plus éloignés, l'acide γ-oxybutyrique $CO_2H.CH_2 CH_2CH_2OH$, qui donne lieu facilement à la formation d'une lactone, anhydride résultant de l'action mutuelle des groupes cités avec perte d'eau. L'observation est générale, ce sont les γ-oxyacides, ayant trois atomes de carbone entre l'hydroxyle et le carboxyle, qui présentent la tendance particulière à former des lactones.

Or notre théorie, loin de trouver un obstacle dans l'action mutuelle des groupes attachés aux carbones d'un chaînon plus complexe, peut y voir, sinon une justification actuelle, du moins l'indication d'une telle dans l'avenir. Représentons en effet le groupement de plusieurs atomes de carbone, combinés d'après nos conceptions: Un premier atome C_1 sera situé, comme l'indique la Figure 14, avec deux groupes qu'il relie, dans les sommets d'un triangle isocèle C_1AC_3, A étant 35° en vertu des dimensions du tétraèdre; le deuxième atome de carbone C_2 sera situé, avec les deux groupes C_1 et C_3 qu'il relie à son tour, d'une manière absolument identique; il en sera de même d'un troisième C_3, d'un quatrième C_4 et ainsi de suite. Or alors il est clair que les distances AC_2, AC_3, AC_4, séparant les groupes combinés au premier atome, au premier et au deuxième, au premier et au troisième etc. ne continueront pas à s'accroître. Au contraire le rapport de ces distances étant représenté par la relation:

Sin. 2A : Sin. 3A : Sin. 4A : Sin. 5A $= 1 : 1,02 : 0,67 : 0,07$

un décroissement prononcé s'y introduira presque dès le début, comme indique aussi la figure.

Après cet exposé du côté général, entrons dans les détails.

Le problème le plus simple du point de vue théorique se présente dans le cas des chaînons fermés du carbone; là en effet il ne s'agit que d'un élément dont la position relative du groupement qu'il relie commence à être révélée.

En suivant d'abord les développements présentés par M. BAEYER 1), il s'agit d'observer que cet auteur, en admettant dans les polyméthylènes formés un groupement symétrique des carbones, compare l'angle des directions, dans lesquelles se trouvent les deux atomes de carbone combinés à un troisième, avec l'angle C_2C_1A dans la figure 14. Or, selon ce qu'il s'agit de l'hexa-, du penta-, du tétra-, du tri- et du biméthylène, l'angle du polyèdre en question, revient à 120°, 108°, 90°, 60° et 0° respectivement, tandis que l'angle C_2C_1A de la figure 14 est de 109° environ; par conséquent la différence monte, selon le cas, à 11°, 3°, 19°, 49° et 109° et dans cette différence l'auteur voit une expression approximative de la tendance à la saturation. En effet, en justification de ce raisonnement, l'on peut citer la difficulté extrême qu'on rencontre en saturant les dérivés hexa- et tétraméthylénique, tandis que le triméthylène déjà est capable de se combiner à l'acide bromhydrique, mais non au brome; le diméthylène enfin, l'action de l'iode y suffit pour amener la saturation.

Les dérivés de la benzine permettent une application analogue 2), entravée toutefois par la difficulté du problème, non encore définitivement résolu, de la manière dont les six atomes de carbone y sont combinés. Admettons comme tel la notation de M. KEKULÉ, où il y a successivement liaison simple et double des carbones, et comparons avec la benzine les chaînons fermés analogues que l'atomicité du carbone permet de prévoir, soit $(CH)_4$, $(CH)_4CH_2$, $(CH)_6$, $(CH)_6CH_2$ et $(CH)_8$.

A cet effet nous indiquerons, à côté l'une de l'autre, la somme des angles, qu'exige notre théorie dans la direction des deux carbones combinés à un troisième (109° environ dans le cas de simple liaison;

1) Berl. Ber. XVIII, 2278.
2) WUNDERLICH. Configuration org. Mol. VAN 'T HOFF. Maandbl. v. Natuurw.

125° environ dans le cas de liaison double entre deux des trois carbones), et la somme des angles dans le polyèdre fermé:

Formule.	Somme des angles.	Angles du polyèdre.	Différence.
$(CH)_4$	$4 \times 125 = 500°$	$360°$	$140°$
$(CH)_4CH_2$	$4 \times 125 + 109 = 609°$	$540°$	$69°$
$(CH)_6$	$6 \times 125 = 750°$	$720°$	$30°$
$(CH)_6CH_2$	$6 \times 125 + 109 = 859°$	$900°$	$- 41°$
$(CH)_8$	$8 \times 125 = 1000°$	$1080°$	$- 80°$

On voit en effet que dans la benzine il y a un rapprochement maximal, rendant compte de sa stabilité et de l'absence jusqu'à ce jour des composés à chaînons de carbone énumérés à côté.

Tandis que les observations citées ont rapport aux chaînons fermés du carbone seulement, il y a des remarques analogues à faire concernant les cas où des éléments différents contribuent à sa formation: la stabilité de la pyridine, de la thiophène, des γ-lactones etc. pourraient donner lieu à des réflections analogues. Seulement ces considérations auraient un caractère moins précis que celles qui précèdent parce que la position relative des groupements autour des éléments différents du carbone est absolument inconnu. Aussi M. BAEYER se borne t-il à citer les corps en question; M. WISLICENUS 1) au contraire y voue une considération spéciale extrêmement intéressante, qui paraît ouvrir à la théorie exposée un avenir non prévu à sa naissance.

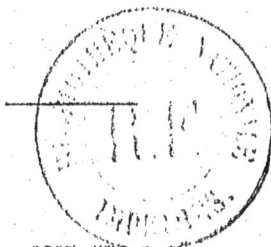

1) Abh. der Kön. Sächs. Ges. 1887, 57.

TABLE DES MATIÈRES.

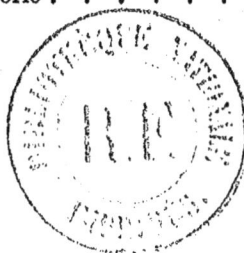

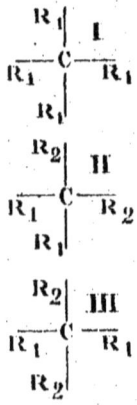

I

II

III

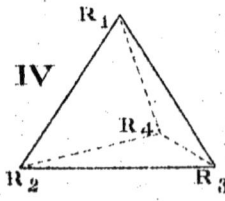

IV

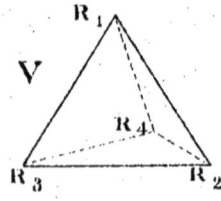

V

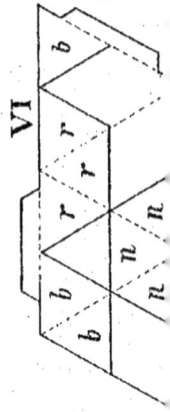

VI

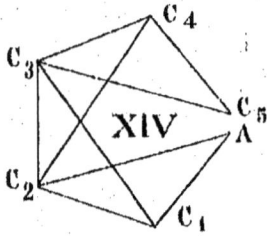

XIV

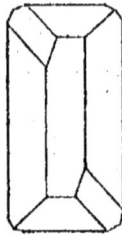

VIII

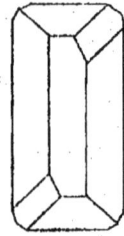

IX

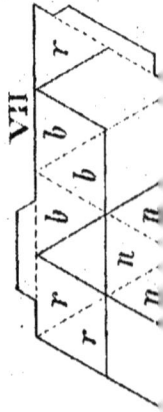

VII

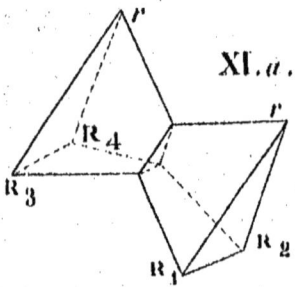

XI. a.

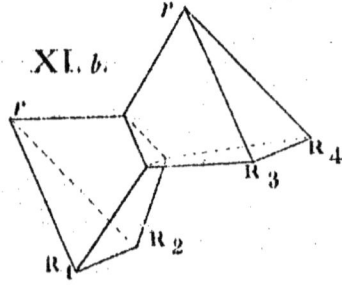

XI. b.

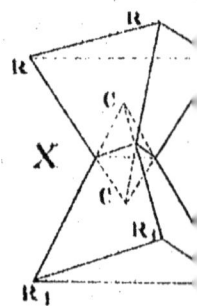

X

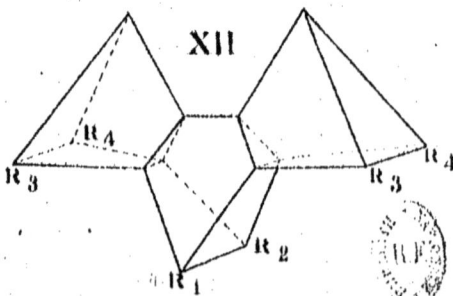

XII

XIII

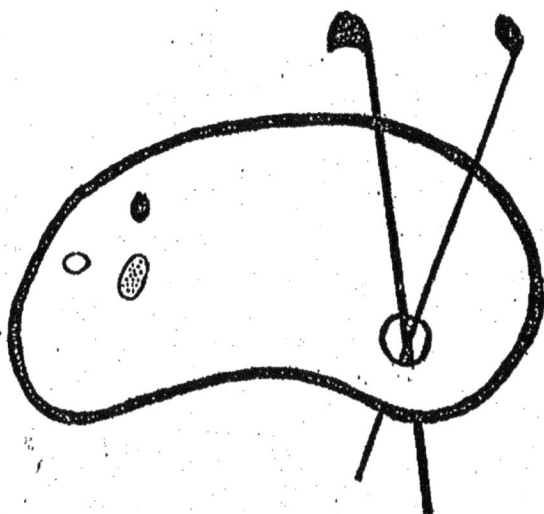

ORIGINAL EN COULEUR
N° Z 43-120-8

www.ingramcontent.com/pod-product-compliance
Lightning Source LLC
Chambersburg PA
CBHW071219200326
41519CB00018B/5594